Stephen Hawking y el destino del universo

RUBÉN H. RÍOS

campo de ideas

Stephen Hawking y el destino del universo

Directores de la serie Intelectuales:
J.C. Kreimer, M.J. Stuart
intelectuales@ciudad.com.ar

Investigación y texto: Rubén H. Ríos
Corrección: Taller de Publicaciones, SLL, Madrid.
Diseño gráfico: txt ediciones

Campo de Ideas SL,
Calle Alquimia, 6
28933 Móstoles (Madrid), España
E-mail: editorial @alfaomega.es

Primera edicion: julio 2003
Depósito Legal: M. 33.411-2003
I.S.B.N.: 84-96089-10-X
Impreso en España por Artes Gráficas Cofás, S.A.

Índice

«[...] *¿por qué repugna que el infinito, implicado en el simplicísimo e indiviso primer principio, llegue a desplegarse en esta imagen suya infinita y sin límites, muy capaz de contener innumerables mundos?* [...]»

Giordano Bruno,
Sobre el infinito universo y los mundos (1584)

A Cristina Lozano

INTRODUCCIÓN

El enigma del destino del universo

Átomos y porvenir humano

La esclerosis lateral amiotrófica. La ELA (o, en inglés, ALS), también conocida como enfermedad de Gehrig o de Charcot, es una rara afección neuromuscular que ocasiona la degeneración progresiva y la pérdida eventual de la función de ciertas células nerviosas: las motoneuronas superiores e inferiores localizadas en el cerebro y en la médula espinal que controlan el movimiento de la musculatura voluntaria. La enfermedad conduce a la pérdida y debilidad de los músculos esqueléticos, y finalmente a la muerte por neumonía o asfixia.

Otras enfermedades del mismo grupo son la atrofia muscular espinal juvenil o enfermedad de Kugelberg Welander, la infantil o enfermedad de Werdnig Hoffmann, la parálisis bulbar progresiva, la amiotrofia focal benigna, la esclerosis lateral primaria (en la que son afectadas exclusivamente las motoneuronas centrales) y la atrofia muscular progresiva espinobulbar –ligada al cromosoma X o enfermedad de Kennedy– que afecta a varones de mediana edad. De todas ellas, la ELA es la más grave.

Se desconoce la causa de esta enfermedad que afecta principalmente a adultos de entre cuarenta y setenta años, aunque existen casos infrecuentes en pacientes más jóvenes, especialmente en varones. Algunos enfermos comienzan sufriendo síntomas de ataxia (falta de coordinación de movimientos musculares) y debilidad general. En otros casos experimentan cambios en el habla o en la deglución, mientras que en otros se manifiesta en la aparición de movimientos musculares anormales como espasmos, sacudidas y calambres.

La evolución de la enfermedad de Gehrig, que no se considera hereditaria, se caracteriza por su irregularidad y asimetría. En algunos casos, el proceso patológico se prolonga muy lentamente durante años, con períodos estables y distintos grados de discapacidad. En ningún momento se pierden las facultades intelectuales, ni las de los órganos de los sentidos, tampoco afecta a los esfínteres ni a la función sexual.

La enfermedad avanza sin dolor, aunque los calambres y la pérdida de la movilidad y función muscular producen cierto malestar que suele disminuir con rehabilitación y, a veces, con medicamentos. En algunos pacientes aparecen síntomas relacionados con perturbaciones emocionales, llantos o risas injustificadas, o respuestas afectivas desproporcionadas. No existe ningún tratamiento curativo eficaz para la ELA, la extraña enfermedad que Stephen Hawking sobrelleva desde el año 1962.

Contra la teoría del universo estacionario

El estudiante enfermo. Nacido el 8 de enero de 1942 en Oxford, hijo de un biólogo que trabajaba en la investigación de enfermedades tropicales en el Instituto Nacional para la Investigación Médica, Hawking tuvo los primeros síntomas de la enfermedad del sistema motor neuronal cuando descubrió que atarse los cordones de los zapatos le suponía un gran esfuerzo y que, en ocasiones, casi no podía articular las palabras. Los médicos le dieron dos años de vida debido al rápido deterioro que observaron en su estado, pero poco después la enfermedad comenzó a estabilizarse.

La infancia de Hawking –el mayor de cuatro hermanos– transcurrió entre Londres y una pequeña ciudad situada al norte de la capital de Gran Bretaña, St. Albans. A los once años ingresó en el colegio privado St. Albans School con el propósito de obtener la educación apropiada para matricularse en la Universidad de Oxford. Lo consiguió en 1959 con una puntuación sobresaliente en el examen de ingreso, pese a que no se había destacado especialmente en los estudios secundarios. Sin embargo, desde los catorce años sabía que quería dedicarse a las matemáticas o la física.

Durante su época de estudiante se hizo conocer en la universidad tanto por sus dotes intelectuales fuera de la común como por su habilidad en las regatas de embarcaciones de ocho remos. En 1961 obtuvo la beca del programa de física para licenciados de la Universidad de Cambridge al alcanzar la máxima puntuación en la graduación de Oxford. Comenzaba a cursar el primer año en la escuela para licenciados, decidido ya por la física teórica y la especialización en cosmología, cuando aparecieron los primeros síntomas de la enfermedad.

Tras un período depresivo, Hawking retomó el trabajo de su tesis para la escuela de graduados de Cambridge. La enfermedad se había estabilizado, y estimulado por el tutor de su curso –el físico teórico Dennis Sciama– y su padre volvió a ocuparse de los problemas físicos y matemáticos que más le interesaban. En julio de 1965, después de dos años de noviazgo, se casó con Jane Wilde, una joven estudiante de idiomas. El primer hijo, Robert, nació en 1967; su hija, Lucy, en 1970, y el último, Timothy, en 1979.

También en 1965, después de tres años como profesor adjunto en investigación, Hawking se doctoró en física en la Universidad de Cambridge con una tesis titulada «Propiedades de los universos en expansión», considerada hoy por muchos como el comienzo de la cosmología contemporánea. La tesis contradecía la teoría del estado estacionario del universo, según la cual la materia se crea de forma continua mientras que el universo se expande, de tal modo que no sería posible un estado inicial infinitamente denso como postula el modelo del big bang. Pero éste, por esa época, no contaba con demasiados adeptos.

La tesis. El cosmólogo sir Fred Hoyle era el más famoso defensor y divulgador de la teoría del estado estacionario y sus críticas al modelo contrario lo llevaron en 1950 –durante una emisión de su programa de radio en la BBC– a denominarlo «big bang» (gran explosión). Hoyle realizaba investigaciones sobre teoría gravitatoria en el Departamento de Matemática Aplicada y Física Teórica (DMAFT) de la Universidad de Cambridge, a donde Hawking se acercó interesado por los cálculos de otro estudiante de doctorado que colaboraba con Hoyle, Jayant Narlikar.

Conocedor de las ecuaciones y las dificultades matemáticas de la teoría del estado estacionario, Hawking se atrevió a cuestionar a Hoyle durante una exposición pública basada en los cálculos de Narlikar presentada en la Royal Society de Londres. La observación resultó correcta, y Hoyle no tuvo otra alternativa que reconocerlo y abandonar los cálculos que había utilizado. Poco después, Hawking publicó un artículo sobre los recursos matemáticos que le permitieron hallar los errores en los cálculos de Narlikar. Su nombre comenzó a sonar con fuerza en Cambridge.

En esa época, el grupo de alumnos de Dennis Sciama (entre otros, Brandon Carter, George Ellis, Martin Rees y Hawking) se interesó por los trabajos en matemática aplicada de Roger Penrose, del Birkbeck College de Londres, sobre teoría de las singularidades. Penrose, graduado en Cambridge, había demostrado que era imposible que un astro (una estrella colapsada convertida en agujero negro, por ejemplo) se expandiera después de cierto punto de desintegración. Por el contrario, adquiría una densidad infinita en su centro, donde el tiempo y las leyes de la física llegaban a su límite. A ese punto de densidad infinita, indefinido para las matemáticas, Penrose lo llamó «singularidad».

El último capítulo de la tesis de doctorado de Hawking, bajo la influencia de Penrose, aplica el teorema de la singularidad al comienzo del universo, lo que quiere decir que si la teoría de la relatividad de Einstein es correcta, el tiempo habría comenzado en una singularidad. Según esta tesis, el universo nació hace unos quince mil millones de años como consecuencia de la explosión de una singularidad, de un punto o estado de extrema densidad y extraordinariamente caliente. La tesis refundó la teoría del big bang, puso las bases para un nuevo modelo y consagró a su creador como un físico teórico de fama internacional.

Desgraciadamente, a comienzos de los años setenta, mientras Hawking trabajaba con Penrose y otros colaboradores en matemáticas avanzadas sobre las propiedades de los agujeros negros, la enfermedad empeoró y le confinó a una silla de ruedas. Privado de sus manos, paralizadas casi por completo, tuvo que acostumbrarse en este período a realizar cálculos sólo de forma mental. La evolución de la enfermedad, sin embargo, no fue obstáculo para desarrollar una nueva e inquietante imagen del universo.

La radiación Hawking. Una noche de noviembre de 1970, mientras se dirigía a la cama y se acostaba con los lentos movimientos que le imponía la enfermedad, Hawking tuvo tiempo de reflexionar acerca de los agujeros negros y la trayectoria de los rayos de luz. Descubrió que éstos no podían acercarse entre sí en la frontera de un agujero negro y que, por esta razón, su superficie (el horizonte de sucesos) podía mantenerse estable o aumentar pero nunca reducirse.

Dos años más tarde, en un seminario celebrado en los Alpes franceses, Hawking y sus colaboradores (J. Bardeen y Brandon Carter) formularon un conjunto de leyes de la mecánica de los agujeros negros que se parecían mucho a las leyes de la termodinámica. Para uno de los alumnos del seminario, Jacob Bekenstein, simplemente el área de superficie del agujero negro equivalía a su entropía (disipación de la energía) aunque no afirmaba que emitiera radiación o tuviera temperatura. Pero Hawking, siguiendo la idea de Bekenstein, demostró que los agujeros negros emitían radiación.

Hasta ese momento, las ecuaciones acerca de los agujeros negros se basaban en la teoría de la relatividad general, cuyas leyes se refieren a los grandes cuerpos, y dejaban de lado la física de las partículas elementales de la materia: las fluctuaciones cuánticas. Hawking combinó la relatividad, la termodinámica y la mecánica cuántica por primera vez en la historia de la física y las aplicó a la superficie de los agujeros negros. El resultado fue que la interacción entre el campo gravitatorio del agujero negro y las partículas producían radiación (conocida hoy como «radiación de Hawking») y temperatura.

Pero en ese momento estas ideas revolucionarias no fueron bien recibidas al darlas a conocer ante un auditorio de físicos en el laboratorio Rutherford-Appleton, al sur de Oxford, en 1974. El título de la conferencia era «¿Explotan los agujeros negros?» y fue entendida con mucha dificultad por sus colegas. Una vez concluida, el moderador John Taylor –profesor de matemáticas y autor de varios libros populares sobre agujeros negros– descalificó la exposición a viva voz. Un mes después, Hawking publicó el artículo «¿Explosiones en los agujeros negros?» en la revista *Nature,* por el que fue nombrado miembro de la prestigiosa Royal Society. Un alto honor para un científico de 32 años y 50 kilos de peso, cuya voz era casi un gemido.

Interviene el Vaticano. A este importante reconocimiento se le sumaría el de la Iglesia católica. Hawking se encontraba en California con una beca especial estudiando con el teórico estadounidense Kip Thorne –al que se deben las primeras teorías de viajes en el tiempo–, cuando una comunicación del Vaticano le hizo saber que la Academia Pontificia de Ciencia le otorgaba la medalla del papa Pío XI. Al parecer, en esta época Hawking comenzó a ocuparse de la cuestión del origen del universo. Paradójicamente, hacia 1978, año en que recibe el premio Albert Einstein (quizá el máximo honor en física teórica), ya sabía que la teoría de la relatividad era insuficiente para comprender el universo.

En 1981, invitado por el Vaticano, Hawking pronunció una conferencia en Roma sobre cosmología titulada «Las condiciones limítrofes del universo». En ella, el espacio y el tiempo eran de extensión finita y cerrados sobre sí mismos sin frontera alguna, y no se mencionaba ninguna singularidad como origen del universo. De hecho, si el espacio-tiempo carecía de límites, a pesar de su finitud, no había lugar para un comienzo o una explosión creadora que permaneciera fuera de las ecuaciones físicas. Después, Hawking se entrevistó con el papa, que no había advertido que la «propuesta de ausencia de límites» (como se la conoce) cerraba el camino a un Dios demiúrgico.

A partir de entonces el interés de Hawking por el origen y el destino del universo se incrementó, de algún modo dominando y condicionando su pensamiento. También desde comienzos de los 80 su figura se hizo más conocida. Fue nombrado doctor *honoris causa* en Nôtre-Dame, en la Universidad de Chicago, Princeton y Nueva York, además de conseguir el título de Comandante del Imperio Británico otorgado por la reina Isabel, entre otros muchos premios y reconocimientos mundiales recibidos hasta la fecha.

Hawking ha publicado varios libros técnicos con Penrose y Ellis, aunque sus libros de divulgación *Historia del tiempo* (1988) y *El universo en una cáscara de nuez* (2001) han alcanzado una gran popularidad. En esos estudios concebidos para no especialistas, aunque tienen cierta complejidad, aparecen esbozadas –y a veces de modo directo– sus preocupaciones centrales: el destino del universo y de la humanidad. Las investigaciones sobre las fracciones de segundo iniciales, aunque sea propio de la cosmología, no serían en él más que el conocimiento necesario para poder predecir (y quizá neutralizar) el final del universo en el que habitamos.

El porvenir del *homo atomicus*

En su diálogo con el historiador de la ciencia norteamericano John Bouslough, autor de *El universo de Stephen Hawking* (1985), el problema de si el universo del modelo del big bang continuará expandiéndose o se contraerá *(big crunch)* para Hawking no sólo –ni quizá principalmente– se limita a un dilema astrofísico. En el primer caso –el universo abierto–, en algún momento dentro de miles de millones de años la expansión terminará y la materia se enfriará más allá del cero absoluto. En el segundo –el universo cerrado–, alcanzado el límite de la expansión, habrá una proceso inverso al del big bang y el universo se replegará de modo catastrófico hacia la singularidad de la que nació.

Hacia una «teoría del todo». Hawking se inclinaba por la suposición de un universo cuyo colapso final se encontraría entre la contracción y la expansión. Ésta se desplegaría con la energía exacta para evitar la contracción del universo, aunque no para evitar el enfriamiento eterno al que lo conduce el movimiento expansivo. A la vez, podría ocurrir que este equilibrio fuera inestable o sólo perteneciera a una de las ramificaciones del universo, si es que éste se ramificaba. Hawking especulaba con un cosmos que se hallaba en el límite entre lo abierto y lo cerrado, y esto no había forma de decidirlo hasta no poseer observaciones más precisas del espacio.

Aunque Hawking durante la conversación con Bouslough declara que no pretende conocer el final del universo, lo que desmentirá en el prólogo de *Historia del tiempo*, se muestra muy interesado en determinar si es abierto o cerrado. Ya en la «propuesta de la ausencia de límites» expuesta por primera vez en Roma (desarrollada posteriormente) se trataba de un universo abierto y cerrado a la vez, sin límites, pero condicionado por su finitud. Hawking quería despejar esa duda, y esperaba que el telescopio espacial Hubble, que estaba en preparación, lo hiciera, por un motivo fundamental que confiesa a su interlocutor: le importaba el destino de nuestros átomos.

Éste es quizá el fino hilo conductor del pensamiento de Hawking que atraviesa los distintos períodos de su cosmología, los diversos teoremas matemáticos, y las especulaciones sobre el futuro biotecnológico de la especie humana. El origen y el final del universo, la naturaleza del espacio y del tiempo, las propiedades de los agujeros negros y las fluctuaciones cuánticas, obtendrían todo su sentido si permiten predecir (directa o indirectamente) también el destino final de los átomos de nuestros cuerpos y –aún más– la supervivencia de los descendientes de la humanidad en una hipotética colonización planetaria.

Según Hawking, comprender –mediante una «teoría del todo»– la física fundamental del universo, si la expansión culminará en la muerte térmica o se revertirá hasta colapsarse en la singularidad inicial, si hubo entonces una explosión o una inflación de la materia, si la flecha del tiempo siempre fluye del pasado hacia el futuro, si existen más de cuatro dimensiones y cómo, significaría saber cuál será el porvenir del hombre como especie y si éste (quizá una hipótesis crucial) no se autodestruye en un armagedón tecnológico. ¿O será ese nuestro inexorable destino último?

CAPÍTULO 1

El universo en expansión

Del big bang al colapso final

La sopa primordial. El físico británico Steven Weinberg (premio Nobel en 1979), a quien Hawking elogiará más de una vez por su obra *Los tres primeros minutos del universo* (1977), describe con detalle el universo primitivo antes del éxito de la teoría de la singularidad hasta unas fracciones de segundo antes del big bang. Esta barrera aún no ha sido franqueada, en gran medida porque haría falta (de acuerdo con Hawking) un acelerador de partículas tan grande como el sistema solar para verificar las ecuaciones. Sin embargo, el modelo del universo expansivo, como su final, depende de las condiciones arcaicas de la materia.

Según Weinberg, aproximadamente una centésima de segundo después del comienzo del tiempo (para Hawking se tratará primero de fluctuaciones cuánticas, luego de expansión por inflación y poco después de explosión caliente) la temperatura del universo era de unos cien mil millones de grados Kelvin, escala centígrada referida al cero absoluto, no al punto de fusión del hielo. Unas fracciones de segundo antes la temperatura alcanzaría un billón y medio de grados K y en el universo predominarían mesones pi, partículas subatómicas muy ligeras (pesan una séptima parte de una partícula nuclear) y de vida corta a causa de sus violentas interacciones.

El fuego primigenio estaba tan caliente (mucho más que la estrella más radiante) que impedía que las partículas elementales se unieran para componer átomos o núcleos atómicos. La actividad cuántica en la primera centésima de segundo la dominaban los electrones, positrones, neutrinos (partículas fantasmales sin masa ni carga eléctrica) y fotones (las partículas de la luz) en equilibrio térmico. La velocidad de expansión del universo, teniendo en cuenta que la fuerza gravitatoria la frena, sería de aproximadamente 0,02 segundos. La circunferencia, si se admite la finitud, de unos cuatro años luz.

La densidad de este torbellino primitivo de partículas, que aparecían y se aniquilaban incesantemente, era –en comparación con la materia ordinaria– más o menos cuatro mil millones de veces mayor que la del agua, o una densidad de masa de casi cuatro millones de kilos por litro. Por cada protón y neutrón (constitutivos de los núcleos atómicos) había unos mil millones de electrones, positrones (la antipartícula del electrón), neutrinos y fotones. Muchas de las partículas de esa antigua era han desaparecido en la actualidad y otras, como el positrón, sólo se hallan en ciertos fenómenos radiactivos, en rayos cósmicos y supernovas.

Después de una décima de segundo del comienzo la temperatura bajó a treinta mil millones de grados K; al primer segundo volvió a disminuir diez mil millones (la velocidad de expansión ha crecido dos segundos) y a los catorce segundos su temperatura era de tres mil millones de grados K. Entonces los electrones y positrones se destruyeron más rápidamente que los fotones y neutrinos, y la energía desprendida detuvo un poco el enfriamiento del universo. A los tres minutos la temperatura llegaba a mil millones de grados, setenta veces más que el centro del Sol, y los protones y neutrones conformaron núcleos atómicos.

Galaxias. De acuerdo con Weinberg, en esa edad el universo consistía en luz, neutrinos y antineutrinos (en física cuántica toda partícula tiene su antipartícula correspondiente, salvo el fotón y algunas partículas neutras), una pequeña parte de materia nuclear inestable (compuesta por una parte de deuterio y otra menor de helio) y un grupo reducido de electrones sobrevivientes de la guerra con los positrones. A los trescientos millones de grados K había transcurrido un poco más de media hora desde el comienzo, y todavía la temperatura imposibilitaba la creación de átomos estables. La expansión era de hora y cuarto.

Después de setecientos mil años, la pequeña cantidad de materia nuclear perdió densidad a medida que se enfriaba, hasta que los electrones y los núcleos se unieron para formar átomos estables de hidrógeno y helio. La ausencia de electrones libres convertía al universo en transparente a la radiación, liberando a la materia de ella. De la condensación del gas producido y la gravitación surgirían, más tarde, las galaxias y las constelaciones estelares que hoy continúan expandiéndose. Diez mil millones de años tardaría, en uno de los brazos externos de una galaxia espiral, en originarse la vida humana.

Sin embargo, ¿qué ocurrió antes de la centésima de segundo inicial que desencadenó el tiempo y el proceso cosmológico? En cuanto la temperatura y la densidad eran muy elevadas, en el plasma originario actuaban en gran número todas las partículas subatómicas conocidas por la física microscópica –electrones, neutrones, mesones pi, protones, neutrones, bariones, muones, resonancias, quarks, antiquarks, etc.– en un estado de equilibrio térmico y en continua interacción. A medida que se retrocede (el primer segundo podría dividirse infinitamente) las variedades de partículas aumentan.

Fuerzas. La interacción fuerte de las partículas es de muy corto alcance –una diezbillonésima de centímetro aproximadamente– y sólo afecta a los llamados hadrones (neutrones, protones, mesones pi, quarks) para mantenerlos unidos en el núcleo atómico. Los leptones (electrones, neutrinos, muones) y fotones no responden a esta fuerza, interactuando de modo mucho más débil que las interacciones electromagnéticas o fuertes. Éstas serían las partículas verdaderamente elementales y libres de la materia, con sus correspondientes antipartículas, junto con los quarks y antiquarks en los que se desintegrarían todos los hadrones a temperaturas de varios billones de grados K.

Según Hawking, la fuerza nuclear débil se comprende a partir de 1967 con la teoría de Weinberg, y de Abdus Salam que la unifica con la fuerza electromagnética, la interacción entre partículas, como los electrones y quarks, cargadas eléctricamente. Para ellos existían tres partículas que transmitían la fuerza débil: W más, W menos y Z cero. Cada una poseía una masa de mil millones de electronvoltios o 100 GeV (gigaelectronvoltios) y por encima de ese umbral se comportaban igual que el fotón, cuyo intercambio en gran número produciría la atracción electromagnética. Por debajo, la simetría se disolvía y las nuevas partículas cuánticas adquirían masa, transmitiendo su fuerza a muy corto alcance. En 1983 el CERN (Centro Europeo para la Investigación Nuclear) descubrió las partículas.

La otra gran fuerza de interacción física, aparte de las ya mencionadas –la electromagnética, la fuerte y la débil– es la gravitacional. Ésta, en su versión cuántica, controla la relación entre densidad y expansión del universo a grandes distancias y resulta la más débil de todas por su atracción casi nula sobre las partículas de la materia ordinaria. No así posiblemente en las temperaturas elevadas del universo primigenio. A los cien millones de millones de millones de millones de millones de grados K, las energías de las partículas (por la constante de Boltzmann, que traduce temperatura a energía) habrían llegado a tal intensidad que las fuerzas gravitacionales, que se generan no sólo por masa sino también por energía, hubieran sido iguales de fuertes que cualquiera otra.

Si el universo a los cuatro mil grados K, cuando comienza a realizarse la transición de la energía como radiación a materia, se presentaba mil veces más pequeño que en la actualidad (la distancia entre las partículas era menor), a los treinta mil grados K el tamaño disminuye diez mil veces más. A los cien mil millones de grados K, una centésima de segundo después del comienzo, la reducción se incrementa enormemente, así como la energía y la densidad. ¿Es posible que en el instante colosal del big bang el universo fuera infinitesimalmente pequeño e infinitamente denso?

La velocidad de las galaxias

Corrimiento hacia el rojo. Sabemos algo con certeza: el universo se expande en todas direcciones. Ciertas estrellas muy veloces lo hacen a cientos de kilómetros por segundo y en un año –como la estrella de Barnard– son capaces de recorrer miles de millones de kilómetros. Las galaxias más lejanas huyen casi a la velocidad de la luz (trescientos mil kilómetros por segundo), el límite de velocidad insuperable para cualquier objeto de acuerdo con la teoría de la relatividad general. Las observaciones astronómicas han demostrado que la galaxia de Andrómeda se acerca a la Tierra a unos 300 kilómetros por segundo, mientras que la de Virgo se aleja a mil kilómetros por segundo aproximadamente.

Estas comprobaciones astrofísicas y otras descansan sobre el efecto Doppler, que describe una propiedad de todo movimiento ondulatorio luminoso o sonoro. Esto significa que cuando una onda proviene de una fuente en reposo, el tiempo que tardan entre sí las crestas de las ondas en llegar a una fuente receptora es el mismo que entre las crestas al salir de la fuente. Del mismo modo, si la fuente se aleja, el tiempo de llegada de las crestas de ondas se hace mayor que el que transcurría entre ellas al dejar la fuente; si se acerca, el tiempo de llegada de las crestas sucesivas se hace menor porque deben recorrer menos distancia. La primera será de una longitud de onda mayor, la segunda de una longitud más corta.

En la primera década del siglo XX el astrónomo Vesto Melvin Sipher, del observatorio Lowell, descubrió que el espectro de muchas galaxias se corría hacia el rojo –que tiene una longitud de onda mayor que la luz visible– o el azul, con una longitud de onda más corta. En 1929, Edwin Hubble, utilizando el telescopio de 2,5 metros del monte Wilson (cerca de Los Ángeles), confirmó que los desplazamientos hacia el rojo de las galaxias aumentaban proporcionalmente a la distancia a que se hallaban de la Tierra, y formuló una ley: la velocidad de dos galaxias es proporcional a la distancia entre ellas en cualquier dirección.

En 1931 Hubble logró calcular la proporcionalidad entre la velocidad y la distancia de galaxias que viajaban hasta veinte mil kilómetros por segundo, a razón de ciento setenta kilómetros por segundo por cada millón de años luz de distancia. La cifra de ciento veinte mil millones de años luz de distancia para una velocidad de veinte mil kilómetros por segundo se conoció como la constante de Hubble. Posteriormente, sobre la base de nuevas mediciones, se estimó que la constante de Hubble es de quince kilómetros por segundo por millón de años luz. Esto siempre de acuerdo al corrimiento espectroscópico hacia el rojo de las longitudes de ondas luminosas.

El universo estático de Einstein –regido por una «constante cosmológica»– no predecía corrimientos hacia el rojo, aunque el matemático ruso Alexander Friedmann ya en 1922, basándose en ecuaciones einsteinianas, encontró el funcionamiento de la fuerza gravitacional en un cosmos expansivo. Friedmann postuló los primeros modelos de universo cerrado o abierto. Si la densidad media de la materia universal era menor o igual a cierto valor crítico (proporcional al cuadrado de la constante de Hubble) la expansión no cesaría nunca, y si era mayor, el campo gravitacional producido por la materia curvaría al universo sobre sí mismo, poniendo fin a la expansión.

El fondo de radiación. En la primavera de 1964 los radioastrónomos norteamericanos Arno Penzias y Robert Wilson descubrieron por accidente el fondo de radiación cósmica de microondas considerada remanente de la radiación provocada por el big bang. Experimentaban con comunicaciones a través de satélites en un laboratorio de la Bell Telephone en Nueva Jersey, utilizando una gran antena de radio en forma de cuerno, cuando comenzaron a captar ondas de radio de longitud de 7,35 centímetros –microondas– constantes y ubicuas.

A principios de 1965 Penzias y Wilson midieron la temperatura equivalente de las microondas que no se habían interrumpido nunca desde que empezaron a captarlas a unos 3,5 grados K, una temperatura muy baja. Poco después, un joven teórico de Princeton llamado P. J. E. Peebles publicó un artículo donde afirmaba que, dado que el universo estaba formado en sus tres cuartas partes por hidrógeno, en los primeros minutos del big bang un intenso fondo de radiación (convertible a longitudes de ondas muy cortas o microondas) habría bloqueado la formación de núcleos atómicos más pesados que el hidrógeno. Esa radiación, debido a la expansión y el enfriamiento del universo –y eso explicaba el hallazgo de Penzias y Wilson–, se conservaba todavía a unos pocos grados K.

Desde entonces, la radiación de fondo del universo, bajo la longitud de onda muy corta, ha sido medida por los radioastrónomos entre 73,5 y 0,33 centímetros, con temperaturas equivalentes a los 2,7 y 3 grados K. En 1976 investigadores de Berkeley comprobaron que la densidad de energía de la radiación disminuye también para longitudes de ondas muy cortas (0,25 a 0,06 centímetros) que se mantienen dentro de temperaturas entre 0,1 y 3 grados K. La radiación cósmica pertenece a la denominada radiación de cuerpo negro formulada por Max Planck a finales del siglo XIX, cuya característica principal consiste en la distribución de energía en cantidades definidas o cuantos según la longitud de onda.

Restos. La longitud de onda típica en la que se concentra la mayor parte de esta radiación –que colmaba el primer millón de años del universo– es de 0,29 de centímetro para una temperatura de 1 grado K, disminuyendo a ondas más cortas a temperaturas mayores. A tres mil grados K, al estabilizarse la materia, la longitud de onda típica de los fotones (cuantos de radiación a sugerencia de Einstein) sería de una diezmillonésima de centímetro, una micra o diez mil angströms. Al expandirse el universo, la longitud de onda de los fotones aumentó en corrimiento hacia el rojo, en tanto que la temperatura de la radiación de cuerpo negro (inversamente proporcional a la longitud de onda típica) fue disminuyendo hasta los actuales valores, en los que permanece como un resto fósil del universo temprano.

El descubrimiento del fondo cósmico de microondas de Penzias y Wilson, verificado en ulteriores observaciones y ecuaciones, fue un duro golpe para el modelo del universo estacionario y afianzó la teoría del big bang. Simplemente, la extraordinaria densidad de energía el universo, perdida por el corrimiento de las longitudes de onda de los fotones hacia el rojo, se recuperaba al captarla en forma de microondas residuales y convirtiéndola en la información más lejana –más que cualquiera de las galaxias cuya luz partió hace miles de millones de años– que se conoce hasta hoy de la «sopa primordial».

Del big bang al colapso final

¿Cómo morirá el universo cuando finalice la expansión provocada por el big bang? De acuerdo a los modelos de universo abierto y cerrado de Friedmann, que absorben la atención de Hawking a principio de los 80, todo depende de si la densidad cósmica es mayor o menor a cierto valor crítico. En cualquier caso, el universo avanza hacia la catástrofe bajo la segunda ley de la termodinámica, que establece el aumento de la entropía (desorden, desequilibrio o desinformación térmica) siempre que el calor fluye de lo caliente a lo frío. Este proceso de disipación de la energía es irreversible y sigue la dirección de la flecha del tiempo.

Si la densidad de la materia del universo está por debajo del valor crítico se expandirá sin fin, enfriándose lentamente más allá del cero absoluto. Muchas estrellas ya se han apagado, transformándose en enanas negras, estrellas de neutrones (cuerpos minúsculos que giran rápidamente) o quizá agujeros negros. Probablemente ellos serán todo lo que sobreviva una vez que cesen las reacciones termonucleares. Dentro de unos cinco mil millones de años el sol será más grande y la radiación fulminará toda vida en nuestro planeta –si no lo destruye– hasta alcanzar cien mil millones de años y después el estadio de enana negra.

Durante trillones de años el universo será frío y oscuro, y paulatinamente el fondo de radiación cósmica disminuirá en relación inversa al tamaño del universo, aunque quizá nunca se extinga del todo. Los agujeros negros, bajo la influencia de la fuerza gravitatoria, que será todo lo que quede de las estrellas muertas, emitirán una bajísima radiación de Hawking, quizá una diezmillonésima de grado por encima del cero absoluto. Algunos planetas permanecerán en órbita inercial como astros desolados y estériles.

Big crunch. Por el contrario, si la densidad de la materia está por encima del valor crítico –el doble, por ejemplo– después de unos cincuenta mil millones de años (si el universo, según los últimos descubrimientos, tiene poco más de trece mil millones de años) el universo sufrirá una acelerada contracción. Cuando eso ocurra, su tamaño será el doble de la actualidad: aproximadamente trescientos cincuenta mil millones de años luz de circunferencia. Al contraerse una centésima, el fondo de radiación cósmica elevará un poco la temperatura del cielo. Luego, a los setenta millones de años, se hará más brillante que el Sol. Los átomos empezarán a desintegrarse en electrones libres y partículas nucleares.

Al transcurrir otros setecientos mil años la temperatura se incrementará a diez millones de grados K y el universo se hará un magma homogéneo de radiación, electrones y núcleos atómicos. Rápidamente alcanzará los diez mil millones de grados K y retornarán los protones y neutrones libres, la colisión de fotones y la generación de electrones y positrones, los neutrinos y antineutrinos en equilibrio térmico. A temperaturas más altas que los cien millones de millones de millones de millones de millones de grados K, una cifra casi mítica, empieza la región cuántica.

Era leptónica. Como Platón, algunos cosmólogos creen que el universo cumple eternamente ciclos de expansión y regresión a su estado inicial. Weinberg, al igual que Hawking, no comparte esa idea. La razón es que, en cada ciclo, la entropía por partícula nuclear crecería un poco debido a la fricción denominada «viscosidad de volumen». Cada vez, el universo retornaría a la expansión, después de contraerse, con una cantidad mayor de fotones que de partículas nucleares. Éstas, si los ciclos son infinitos, habrían desaparecido hace mucho tiempo.

En el modelo regresivo por contracción, en sentido inverso al proceso desencadenado por el big bang, una vez que se atraviesa la era leptónica a varios billones de grados K, el espaciotiempo (y con él la física einsteiniana) se disuelve en una singularidad de densidad infinita. El círculo se ha cerrado y la pregunta es la misma: ¿qué ocurrió antes del comienzo del universo? Como sabemos, el universo expansivo –como su final– depende en gran medida de las condiciones arcaicas de la materia. Sobre esto, Hawking tendrá mucho que decirnos.

CAPÍTULO 2

Relatividad general y física cuántica

El espacio-tiempo de las partículas elementales

Según Hawking, el modelo del big bang nunca convenció a Einstein. Para él, la materia del universo curvaba el espacio-tiempo produciendo las fuerzas gravitatorias, como se comprobó en 1919 cuando en África se observó durante un eclipse una leve curvatura de la luz de una estrella al pasar cerca del sol. Debido a que pensaba en un universo estacionario agregó a sus ecuaciones cierta «constante cosmológica» (de la que luego se arrepentiría) que curvaba el espacio-tiempo en dirección opuesta y repelía los cuerpos.

Alfa y omega del big bang. Las observaciones de Hubble sobre la expansión progresiva en el tiempo de las galaxias rebatieron la constante cosmológica, sin embargo Einstein no estaba tan equivocado a juicio de Hawking, y de acuerdo a los últimos descubrimientos. Por el contrario, su idea de un universo en expansión como resultado de una fase previa contractiva hasta una densidad no muy alta sería un error. El fondo cósmico de microondas exige el cálculo de una densidad arcaica de un billón de billones de billones de billones de billones de billones de toneladas por centímetro cúbico.

Hawking y Penrose demostraron, en contra de Einstein, que la teoría de la relatividad general predice que el tiempo real llegará a su final en el interior de los agujeros negros, que quizá no son más que estrellas contraídas por el incremento de su masa. En esas zonas del espacio-tiempo la deformación sería tan formidable que la luz quedaría atrapada y el tiempo cesaría. Por esto, los teoremas de la relatividad general no podría describir ni el comienzo ni el final del tiempo.

Aunque la teoría cuántica de Planck como explicación de lo que hoy se conoce como efecto fotoeléctrico le llevó al premio Nobel, Einstein siempre desconfió de las leyes raras de la mecánica cuántica desarrollada por Heisenberg, Dirac y Schrödinger. El principio de incertidumbre (imposibilidad de medir a la vez la velocidad y la posición de una partícula), determinante en la física microscópica de los cuantos, es responsable de su célebre frase: «Dios no juega a los dados.» Por el contrario, para Hawking, no sólo juega sino que además los arroja en dónde no podemos verlos.

El teorema de la singularidad, para cualquier modelo de universo de Friedmann, afirma que el big bang comenzó con una singularidad. Inicialmente Penrose sólo formulaba que todo cuerpo en colapso gravitatorio se consumiría en una singularidad. Hawking invirtió el tiempo y el colapso se transformó en expansión. Este teorema indica que, al principio, el universo era tan minúsculo que sólo es posible comprenderlo a partir de la mecánica cuántica. En ella rigen la impredictibilidad y lo aleatorio; las partículas, en vez de posición y velocidad, tienen estados cuánticos.

Sin embargo, en esta teoría las partículas a veces se comportan como ondas. Dicha propiedad se conoce como la dualidad onda-partícula, lo que da lugar a fenómenos de interferencia entre grupos de ondas o de partículas. De acuerdo a Hawking, la suma sobre historias posibles inventado por Richard Feynman (premio Nobel en 1965) ilustra muy bien la dualidad cuántica. En este modelo la partícula se mueve entre dos puntos a través de todos los trayectos posibles fijados por el átomo de Bohr (los electrones giran alrededor del núcleo sólo a ciertas órbitas determinadas), obteniéndose la probabilidad del camino sumando las ondas –tamaño y posición numérica de cresta o valle– que trazan todas las historias posibles.

Espines. En mecánica cuántica las partículas subatómicas poseen una propiedad de rotación en torno a su eje (si éstas lo tuvieran) denominada espín. Sin embargo, según Hawking, el espín define cómo se muestra una partícula desde distintas direcciones. Las partículas de espín 0 parecen la misma desde cualquier dirección, las de espín 1 parecen diferentes desde cualquier dirección, las de espín 2 sólo parecen diferentes desde algunas direcciones, las de espín 3 sólo en fracciones más pequeñas de dirección; las de espín 1/2 parecen la misma una vez que han rotado dos veces en todas las direcciones, y además conforman la materia. Las restantes, relacionan las fuerzas entre las partículas materiales.

Las de espín 1/2 obedecen al principio de exclusión de Pauli, que Hawking destaca porque representa la condición de posibilidad de la materia al prohibir que dos partículas similares ocupen ambas a la vez la misma velocidad y la misma posición. De lo contrario, en un estado de alta densidad como al comienzo del universo, las fuerzas generadas por las partículas de espín 0, 1 y 2 (cuyas antipartículas son ellas mismas) las harían colapsar. Estas partículas son emitidas por las de 1/2, no responden al principio de exclusión y se las considera virtuales– no detectables directamente–, aunque sus efectos resultan medibles.

Las partículas de espín entero –o bosones– que transmiten fuerzas entre las materiales –de espín 1/2 o fermiones– se clasifican en cuatro grupos, conforme a la intensidad de la fuerza y a las partículas con la que interactúan: fuerza gravitatoria (debida a una partícula de espín 2: el gravitón), fuerza electromagnética (producida por el intercambio de partículas de espín 1: los fotones), fuerza nuclear débil (causada por las tres partículas de espín 1 de Weinberg y Salam: W más, W menos y Z cero) y fuerza nuclear fuerte (portada por partículas inestables de espín 1: los gluones, que sólo interactúan consigo mismos y los quarks).

Para Hawking este esquema de la mecánica cuántica que asocia a cada fuerza del universo con la actividad de partículas virtuales sólo constituye un artificio operativo, apto para utilizarlo en teorías parciales y nada más. Descree que penetre en lo profundo del mundo, del mismo modo que se burla un poco en *Historia del tiempo* de la Teoría de la Gran Unificación

(TGU) que surgió después de la unificación de las fuerzas electromagnéticas y nucleares por parte de Weinberg y Salam en 1967.

La TGU supone que en la medida en que la fuerza nuclear fuerte decrece a altas energías (donde los quarks y los gluones actúan como partículas libres) y la fuerza nuclear débil y electromagnética se hacen más intensas, a una energía (o temperatura) extraordinariamente alta las tres fuerzas convergerían en una sola, quizá en la fuerza de gravedad. Entonces las partículas de espín 1/2 como los quarks y electrones también se unificarían. Hawking calcula que la energía de la gran unificación sería de unos mil billones de GeV. Para hacer colisionar partículas a esa altísima energía se necesitaría un acelerador de partículas tan grande como el sistema solar.

El cono del pasado. En la teoría de la relatividad general, el espacio-tiempo se curva no sólo por la masa sino también por la energía, que para Einstein, como sabemos, son equivalentes. Esto hace que la curvatura del espacio-tiempo desvíe los rayos de luz los unos hacia los otros. De acuerdo con Hawking, por eso la trayectoria de la luz de las galaxias lejanas que llega hasta la Tierra (y, en rigor, a cualquier punto gravitacional del universo si éste es homogéneo) lo hace dentro de una zona en forma de cono. Desde el vértice se observan, bajando hacia los ejes perpendiculares, galaxias de edades cada vez más antiguas y densidad cada vez mayor.

Sin embargo, a medida que el cono del pasado retrocede en el tiempo la atracción de la densidad de energía del universo arcaico provoca –después de atravesar el fondo de radiación de microondas– que los rayos de luz se curven mucho más los unos hacia los otros, cerrando el cono de luz. El pasado tendría forma de pera y en la parte de abajo, en una región de tamaño cero, se acumularía una densidad infinita de materia. Basándose en ese modelo, Hawking y Penrose demostraron que el universo de la relatividad general necesitaba un comienzo del tiempo en el big bang concebido como una singularidad.

Las consecuencias de estos teoremas indicaban que el tiempo tenía un comienzo y un final, y que en esas fronteras los efectos de la gravedad cuántica (algo impensable para Einstein) serían muy importantes. Está claro que para Hawking la elaboración de una teoría cuántica de la gravedad, aplicable a las singularidades con las que limita el universo, es decisiva para dilucidar el origen y el destino de éste. Este es el tema central de *El universo en una cáscara de nuez.*

Los pliegues de la gravedad cuántica

Los campos electromagnéticos de la teoría del físico británico James Maxwell, postulados en 1865, cuyas ondas de diferentes longitudes oscilan y se propagan por el espacio a la velocidad de la luz, han despertado el interés de Hawking sobre la gravedad cuántica. En estas ondas, los campos eléctrico y magnético oscilan como un péndulo. En su estado fundamental o estado de energía más baja –conforme a la teoría cuántica– no carecería de una cantidad mínima de energía conocida como fluctuaciones del punto cero, que le permitirían formar un pequeño ángulo con su vertical. Tampoco las ondas de los campos de Maxwell, en su estado de energía más baja o en el vacío, serían nulas.

Sin embargo, en una teoría cuántica de la gravedad estas fluctuaciones mínimas del estado fundamental, en la medida en que no existe límite inferior de las longitudes de ondas en Maxwell, ocasionarían un infinito de longitudes de ondas y de la energía del estado fundamental en cualquier punto del espacio-tiempo en el cual se curvaría en su totalidad, dada la colosal atracción gravitacional producida por la densidad infinita de energía. Es evidente que esto no ha ocurrido, y lo explicaría la constante cosmológica de Einstein de infinito negativo neutralizando el infinito positivo de la energía.

La teoría de la supersimetría proporciona también una cancelación del infinito del estado fundamental cuántico al añadir, de algún modo, dimensiones extras al espacio-tiempo por medio de los números variables de Grassmann. Éstos, en vez de conmutar (5 × 3 es idéntico a 3 × 5) como los ordinarios, anticonmutan (no hay diferencia entre 5×3 y −3×5), de modo que en la supergravedad resultante cada partícula podía estar asociada con una superpartícula de espín superior o inferior en 1/2 al propio espín. Como la energía del estado fundamental de los bosones es positiva y la de los fermiones negativa, al introducirse el 1/2 espín en cualquiera de ellos, con un valor de más o menos, se equilibran las energías, aboliendo los infinitos.

Otras de las soluciones aportadas al problema de la gravedad relacionada con la teoría cuántica es la supersimetría de cuerdas, entendidas como longitudes unidimensionales que se desplazan en el espacio-tiempo de fondo y cuyas vibraciones se consideran partículas. Al igual que en la teoría anterior, si las cuerdas poseen dimensiones adicionales de Grassmann y las vibraciones expresan a bosones y fermiones, las energías positivas y negativas de unos y otros se anularían, eliminando todo infinito.

Membranas y principio antrópico. Hawking prefiere los objetos multidimensionales de su colega en el Departamento de Matemática Aplicada y Física Teórica de Cambridge, Paul Townsend, denominados «p-branas» porque se extienden en «p» dimensiones: las cuerdas son p=1, las membranas o superficies p=2 branas. Así, hasta alcanzar números más altos de «p» en espacios-tiempos de diez u once dimensiones que, excepto las cuatro grandes y casi planas de nuestro universo, se enrollan en curvaturas muy pequeñas e imperceptibles de una billonésima de una billonésima de una billonésima de centímetro.

El universo se parecería a la superficie rugosa de una naranja que de cerca presenta pliegues y curvaturas de todo tipo pero de lejos se vuelve lisa. A escala microscópica tendría diez o veinte dimensiones y a escala mayor sólo una dimensión temporal y tres espaciales. Todas esas dimensiones habrían estado muy curvadas en el universo primitivo, mucho más pequeño que el actual, hasta que cuatro de ellas se fueron aplanando. Sin embargo, ¿por qué se desplegaron éstas y las otras permanecieron enrolladas?

El principio antrópico de Brandon Carter y Hawking tiene una respuesta para eso: si no hubiera sucedido así el hombre no habría sido posible. Del mismo modo que si la fuerza nuclear fuerte que actúa sobre quarks, protones y neutrones fuera un poco menos o un poco más intensa, el único elemento estable sería el hidrógeno, o éste no habría existido. En ese caso, las galaxias se hubieran desarrollado de otra manera, quizá contraria a la vida humana. Lo mismo ocurriría si se hubieran desplegado más o menos de una dimensión temporal y tres dimensiones espaciales: los hombres no estaríamos aquí.

Las p-branas de Townsend son más afines al principio antrópico fuerte que al débil. Éste afirma que las condiciones de posibilidad para la vida inteligente solamente se dan en algunas regiones del universo delimitadas en el espacio y el tiempo. La versión fuerte dice que hay muchos universos diferentes (quizá pertenecientes a uno único), con sus propias leyes, y sólo algunos ofrecerían una física acorde con la que necesitan los seres inteligentes para aparecer y sobrevivir.

En la medida en que todos los modelos de p-branas muestran dualidades y equivalencias entre sí, serían sólo distintas facetas de una misma teoría unificadora de las cinco supercuerdas conocidas –tipo I (longitud), heterótico-0 (bucle), tipo IIA (anillo), tipo IIB (serie de anillos que adelgazan) y heterótico-E (serie de aros planos que adelgazan)– y la supergravedad de once dimensiones, conocida como teoría M. Según Hawking, como las cuerdas anulan los infinitos de las fluctuaciones cuánticas del estado fundamental permiten calcular el comportamiento de unas pocas partículas de altas energías en colisión. Por el contrario, no sirven para comprender cómo la energía de la aniquilación de numerosas partículas curvan el universo o crean un agujero negro.

El tiempo imaginario. Por ello Hawking, en su camino hacia una teoría cuántica de la gravedad, recurre al llamado tiempo «imaginario» para sumar las historias posibles de la partícula y las ondas correspondientes en el modelo de Feynman que no suceden en el tiempo «real». Los números imaginarios dan números negativos cuando se multiplican por sí mismos ($i \times i = -1$; $2i \times 2i = -2$) y se representan como una línea en dirección vertical que atraviesa, a la altura del centro –donde está el cero–, la flecha del tiempo que va de izquierda a derecha, donde se posicionan la serie de números ordinarios (1, 2, 3): los positivos a la derecha del cero, los negativos (–1, –2, –3) a la izquierda. Tiempo imaginario y real se afectan entre sí.

En la teoría de la relatividad general sólo hay un tiempo real que fluye del pasado al futuro, creciendo la historia del observador en una sola dirección y aumentando o decreciendo de acuerdo a las tres direcciones espaciales. El tiempo imaginario de la teoría cuántica, perpendicular al tiempo real de la línea del universo, se agrega como si fuera una cuarta dimensión espacial en donde la dirección puede tanto aumentar como disminuir. El espacio-tiempo con tiempo imaginario sería esférico y finito en extensión, como la superficie de la Tierra con dos dimensiones más, sin ninguna singularidad en tanto borde.

En cualquiera de los dos modelos acerca de la dirección que seguiría el tiempo imaginario propuestos por Hawking –según grados de latitud en expansión y contracción de un polo a otro o según grados de longitud que convergen en los polos de la esfera–, el tiempo no comienza (si lo hace) en una singularidad. En el primer caso (correspondencia con grados de latitud), el tiempo está dentro de las leyes regulares del espacio-tiempo, en el segundo (correspondencia con grados de longitud), el tiempo se detiene en los polos como lo hace el tiempo real en el horizonte de sucesos de un agujero negro.

Hologramas. En tiempo imaginario, la «propuesta de ausencia de límites» (un universo sin fronteras ni comienzo) impide la expansión de la historia del universo en una sola dirección y su colapso final, ya que el espacio-tiempo sería una esfera autocontenida. Sin embargo, en tiempo real el universo se expandirá hasta colapsar en una singularidad. El argumento irónico de Hawking para evitar esta catástrofe, incluso dicho en contra de su propia teoría de las singularidades, es que si el tiempo real de la física clásica falla en las singularidades del principio y del fin del cosmos –en sus fronteras– habrá que aceptar al tiempo imaginario como el tiempo verdaderamente real y al otro como una invención matemática.

Sin embargo, algo muy importante debe indicar que tanto el tiempo imaginario como el real se detienen (o ninguno lo hace) en el horizonte de un agujero negro. Como su entropía (formulada por Hawking en 1974) es igual a su área, éste contendría información acerca de su estado térmico y cuántico interno. Si la gravedad cuántica posee ciertas propiedades holográficas capaces de contener fenómenos tridimensionales en superficies de sólo dos dimensiones, los estados cuánticos se inscribirían en los bordes de los agujeros negros (los cuales son justamente bidimensionales) o en cualquier región cerrada del universo.

CAPÍTULO 3

Los agujeros negros

Singularidad y evasión del universo

El tiempo imaginario y el real se detienen ante un agujero negro, pero: ¿qué se sabe de ellos? El término fue expresado por primera vez por el científico norteamericano John Wheeler en 1969, aunque la idea es muy anterior. En 1783 John Michell –un catedrático de Cambridge– propuso que había estrellas invisibles de masa muy grande que tendrían un campo gravitatorio tan enorme que la luz quedaría atrapada dentro de ella. Hacia la década de 1920 se sabía que una vez que culminaran las reacciones nucleares de una estrella, que equilibraban la atracción gravitatoria, ésta se contraería al empezar a enfriarse.

Estrellas colapsadas. En 1928 el estudiante indio Subrahmanyan Chandrasekhar (premio Nobel en 1983) calculó que una estrella fría de una masa algo menor del doble que la del sol colapsaría cuando la atracción de la gravedad se impusiera al principio de exclusión de Pauli entre las partículas que mantenían el equilibrio gravitatorio. Si la estrella cuenta con una masa menor a ésta –conocida como el límite de

Chandrasekhar– en algún momento detendrá su contracción y se convertirá en una enana blanca de una alta densidad por centímetro y un radio de varios miles de kilómetros, gracias al principio de exclusión de los electrones.

También sería factible que estrellas de masa similar, en razón del principio de exclusión de neutrones y protones, alcancen su estado terminal como estrellas de neutrones (o púlsares). Son muy pequeñas –un radio de unos quince kilómetros– y muy densas: millones de toneladas por centímetro cúbico. Las estrellas que sobrepasan el límite de Chandrasekhar explotarán, expulsarán materia para neutralizar el desastre gravitatorio o se transformarán en agujeros negros. La teoría clásica sobre ellos, conforme a la relatividad general, fue formalizada en 1939 por el físico norteamericano Robert Oppenheimer.

Según éste, los conos de luz emitidos por una estrella, debido a la curvatura del espacio-tiempo, se inclinan levemente hacia dentro cerca de la superficie. Cuando ésta se contrae, aumenta el campo gravitatorio y se acentúa la inclinación de los conos de luz hasta que ya no pueden escapar. Como nada se mueve con mayor rapidez que la luz, todo lo que esté por debajo de ese horizonte que no puedan atravesar las ondas luminosas es capturado por el campo gravitatorio. Así, la luz de la estrella se irá haciendo cada vez más débil.

Agujeros invisibles. Según Hawking, en el interior de los agujeros negros ya no hay ni espacio ni tiempo: la luz que penetre en ellos jamás conseguirá salir, del mismo modo que cualquier otro objeto. Los cálculos efectuados con Penrose entre 1965 y 1970 demostraron que debía haber en el interior una singularidad de densidad y curvatura del espacio-tiempo infinitas, quizá de un modo similar al big bang en el comienzo del tiempo. El llamado horizonte de sucesos, trazado por los destellos de luz cautivos, sería como una membrana de una sola dirección.

Entre 1970 y 1973 diversas ecuaciones de Hawking, Brandon Carter y David Robinson (del King College de Londres) sobre los agujeros negros de Roy Kerr, cuyo tamaño y forma sólo dependen de su velocidad de rotación, probaron que después del colapso gravitatorio un agujero negro se estabilizaría en un estado en el que rota de tal modo que su tamaño ni aumenta ni disminuye, dependiendo (igual que su forma) sólo de su masa y velocidad de rotación, independientemente del cuerpo colapsado que lo generó.

La única manera de localizar –ya que es invisible– un agujero negro en el universo es a través de la fuerza gravitatoria que ejerce sobre objetos cercanos. Se cree que uno de ellos –de una masa seis veces mayor que la del sol–, situado en el sistema binario Cisne X-1, en la constelación del Cisne a seis mil años luz de la Tierra, aspira la materia de la estrella visible. La emisión de rayos X que produce el fenómeno ha llevado también a detectar agujeros negros, con alta probabilidad, en la gran nube de Magallanes a ciento ochenta mil años luz de distancia. Sin embargo, en algún momento Hawking pensó que el número de agujeros negros diseminados en el universo era quizá superior al de las estrellas.

Esto explicaba, debido a la enorme atracción gravitatoria, la velocidad de giro de la galaxia en la que nos hallamos (la masa de estrellas es insuficiente) y la enorme cantidad de energía que acumulan los quásares (objetos «cuasi-estelares»), en cuyo centro habría agujeros negros con masas de unos cien millones de veces la del sol generando intensos campos magnéticos y esos espléndidos chorros de partículas de altísima energía, a causa de la materia absorbida, que se observan en la actividad cósmica de quásares y algunas galaxias.

La radiación de Hawking, válida tanto para agujeros negros en rotación o sin ella, establece que éstos emiten partículas como si fueran cuerpos calientes (cumpliendo con la segunda ley de la termodinámica: la entropía) pero éstas no vendrían del agujero negro sino de las fluctuaciones cuánticas mínimas del vacío que bordea el horizonte de sucesos. Se trata de pares de partículas y antipartículas virtuales que –estando cargadas de energía positiva o negativa– son separadas por la atracción gravitatoria del agujero negro. Las de energía negativa caerán en él a menos que antes se conviertan en partículas o antipartículas reales, y las de energía positiva –si no caen– tenderán también a escapar como tales.

Este juego cuántico equilibra la energía positiva de la radiación emitida con las partículas de energía negativa que fluyen hacia el agujero negro, lo que reduce (la energía es proporcional a la masa según Einstein) su masa y el horizonte de sucesos. La merma de entropía resultante se compensa con la de la radiación. Después, a medida que el agujero negro pierde masa, asciende su temperatura y la velocidad de emisión, incrementándose el ritmo de pérdida de masa hasta volverse muy pequeña. Hawking ha calculado que la explosión final de radiación (si la hay) alcanzaría a la de varios millones de bombas H.

Si el universo se expande eternamente, un agujero negro de una masa unas pocas veces superior a la del sol y una temperatura de apenas una diezmillonésima de grado K (mucho menos que la temperatura de la radiación del fondo de microondas: entre 2,7 y 3 grados K) necesitará algo así como un millón de billones de billones de billones de billones de billones de años para apagarse por completo. Como esta desmesurada cifra es mucho mayor que el tiempo transcurrido desde el big bang, es posible que hoy existan agujeros negros muy pequeños formados en etapas tempranas del universo primitivo. Si esto es así, aunque no han sido hallados, irradiarían rayos X y rayos gamma.

El interior de los agujeros negros

Como se dijo al final del capítulo 2, tanto el tiempo imaginario como el real se detienen por igual en el horizonte de sucesos de un agujero negro. Si la gravedad cuántica tiene capacidad holográfica de incorporar información tridimensional en superficies de sólo dos dimensiones, entonces los estados cuánticos se codificarían en los bordes de los agujeros negros (que son bidimensionales) y se podría saber qué hay dentro de ellos. Sin embargo, para eso se necesita predecir la radiación de Hawking, algo bastante problemático para el propio Hawking.

Membranas y partículas. El método más adecuado sería el que provee la mecánica cuántica por medio del principio de incertidumbre, aunque no sin introducir –por parte de Hawking– importantes modificaciones en lo que respecta a la función de onda. Ésta es un número que determina las probabilidades de hallar una partícula en cada punto del espacio «vacío» en diferentes posiciones y velocidades, según la incertidumbre en una o en otra, que deja siempre indefinido alguno de los valores. La ecuación de Schrödinger calcula la variación en el tiempo (pasado o futuro) siempre que se conozca la función de onda en cualquier instante.

Sin embargo, en el interior de un agujero negro no hay forma de calcular los momentos posteriores de una función de onda caída en él. Tampoco, faltando la parte que contiene la información de lo que cayó, los anteriores. Esta pérdida de información, si ocurre, indicaría que el pasado del universo es enigmático y que lo sucedido (sea lo que fuere) se disolverá junto con los agujeros negros. Del fragmento de función de onda deglutido depende toda la posibilidad de la ecuación de Schrödinger de reproducirla antes y después de perderse.

Algo parecido ocurre con los pares de partículas virtuales de la radiación de Hawking. La función de onda predice que éstas tienen espines opuestos, aunque es imposible medirlo. Sólo se podría calcular el espín de la partícula que escapa de la atracción gravitatoria si se conoce el espín de la que ha caído en el interior. De modo que la partícula fugitiva tendrá diferentes probabilidades de espín o de función de onda, ninguna única. Otra forma de decir que nada de lo absorbido por un agujero negro logrará salir.

La solución de Hawking al problema de la pérdida de información se basa en la aplicación de las «p-branas» a los agujeros negros desarrollada, en 1996, por Andrew Strominger y Cumrum Vafa. Este modelo trata a los agujeros negros como efectos de la intersección de p-branas en las dimensiones extras del espacio-tiempo. Las partículas que caen en ellos colisionan con las p-branas y excitan ondas que se mueven en diferentes direcciones. Si éstas saturan algún punto desgarrarían (una singularidad es una desgarradura en el espacio-tiempo) la p-brana, la cual emitiría un fragmento como si fuera una partícula.

Escape. La ventaja de este modelo, para Hawking, consiste en que la información de aquello que se ha hundido en el interior de un agujero negro permanece en la función de onda de las ondas de las p-branas, unas hojas o láminas que se desplazan en un espacio-tiempo plano. Precisamente por eso, el tiempo fluirá en ellas infinitamente hacia delante (sin agujeros negros que lo detengan), la luz no se curvará, la ecuación de Schrödinger continuará vigente y la información guardada en las ondas finalmente saldría en forma de radiación.

Hawking no descarta, sin embargo, que una parte de la función de onda se evapore totalmente en el interior de los agujeros negros. De acuerdo con la teoría de la relatividad general de Einstein, es posible que en ciertas regiones del espacio-tiempo –dada su curvatura– se hagan nudos e información del universo escape por sus anfractuosidades y arrugas. Quizá esos pliegues parecidos a las p-branas permitan viajar por el tiempo, atravesar gigantescas distancias en el espacio estelar, o comprender el origen del universo y su final. ¿O quizá se tratará sólo del final del tiempo einsteiniano, del tiempo «real»?

CAPÍTULO 4

La flecha entrópica

Historias del universo

Cualquier teoría basada en la mecánica cuántica y la relatividad general debería cumplir con la simetría combinada CPT. La primera de ellas –C– establece que las partículas y antipartículas responden a la misma ley universal, la segunda –P–, que esta ley vale también para la imagen especular de las partículas (si la imagen gira a la derecha, la partícula lo hace hacia la izquierda), y la tercera –T–, que la ley es la misma si se invierte la dirección del movimiento temporal (hacia atrás o hacia adelante) de las partículas y antipartículas.

Sin embargo, en 1964 los físicos norteamericanos J. W. Cronin y Val Fitch (que recibieron el premio Nobel en 1980) demostraron que si no se invertía la dirección del tiempo –T– ni C ni P funcionarían igual. Esto quiere decir que las leyes de la física no serían las mismas si la flecha del tiempo apuntara hacia el pasado. El universo primitivo carece de la simetría T; si la dirección del tiempo se orienta hacia delante el universo se expande, si se invirtiera, el universo se contraería.

En el tiempo imaginario, por el contrario, no hay ninguna diferencia entre la dirección hacia atrás o hacia delante.

Como se presenta como una cuarta dimensión espacial, octogonal al tiempo real, posee un campo de posibilidades más amplios que la línea o el círculo. En ninguna de las direcciones posibles se diferencia el pasado del futuro, de modo que las leyes físicas no varían y cumplen con el teorema de la simetría CPT. En el tiempo real C y P no alteran el comportamiento de la materia, y si T lo hace es en razón de la entropía.

Las tres flechas. La segunda ley de la termodinámica determina el aumento de la entropía (desorden, desequilibrio o desinformación térmica) siempre que el calor fluye de lo caliente a lo frío. Este proceso de disipación de la energía es irreversible para el universo y sigue la dirección de la flecha del tiempo «real», distinguiendo el pasado del futuro. Sin embargo, para Hawking, existen tres flechas del tiempo: la termodinámica (aumento del desorden entrópico), la psicológica (recuerdo del pasado, no del futuro) y la cosmológica (el tiempo del universo en expansión).

En tiempo imaginario, la «propuesta de ausencia de límites» (un universo sin fronteras ni comienzo) bloquea la expansión de la historia del universo en la dirección de su colapso final, pero en tiempo real las tres flechas en que éste se divide apuntan en el mismo sentido. La flecha termodinámica domina a la psicológica y ambas avanzan siempre hacia una misma dirección, aunque la flecha termodinámica y la cosmológica lo harían sólo unidas durante una parte de la historia del universo: en la que está incluido el hombre.

Hawking argumenta que la flecha termodinámica del tiempo se debe a la observación de que siempre hay más estados desordenados que ordenados, aunque bajo la suposición de una condición inicial de un orden de factor alto. Si el universo empezó en un estado desordenado sucedería lo inverso: la entropía debería desacelerarse con el tiempo. No se percibiría esto (si sucede) en la medida que la flecha psicológica estaría apuntando hacia atrás, recordando nada más que eventos en el futuro y ninguno en el pasado. Por esto, mediríamos el tiempo retrospectivamente en la dirección que el desorden crece.

La flecha psicológica se parecería al comportamiento de la inteligencia artificial. Inicialmente su memoria se encuentra en un estado desordenado ante la posibilidad de dos estados posibles de cálculo. Una vez que lo realiza, ingresa en un estado ordenado. La energía que demandó la operación –disipada como calor– incrementa, a la vez, la cantidad de desorden en el universo (según la segunda ley de la termodinámica). Así, el desorden será siempre mayor que el orden en la memoria. Esto hace que recuerde el pasado en la misma dirección que la entropía se acrecienta y que el desorden aumente con el tiempo.

Si la teoría de la relatividad general falla en la predicción del big bang, como probaron Hawking y Penrose, es igualmente posible un comienzo del universo tanto ordenado como desordenado. En el primer caso, la flecha termodinámica y la cosmológica se dirigirían siempre en una sola dirección. En el segundo, el desorden del universo permanecería constante y la flecha termodinámica sería indefinida o quizá se reduciría con el tiempo, en sentido contrario a la flecha cosmológica.

El universo inflacionario. En la versión de la teórica cuántica de la gravedad de Hawking, el universo habría comenzado a expandirse (y el tiempo con él) a partir de un estado ordenado pero inestable de acuerdo a las mínimas fluctuaciones cuánticas –en la densidad y la velocidad de las partículas– regidas por el principio de incertidumbre. Al comienzo habría ampliado su tamaño en una fase de expansión «inflacionaria», mientras que las fluctuaciones de densidad se elevaban en algunas regiones superando a la atracción gravitatoria, hasta colapsar en galaxias y estrellas. Así el universo se haría, en el transcurso el tiempo, más desordenado.

El modelo del universo inflacionario fue propuesto en 1981 por Alan Guth, del MIT (Instituto Tecnológico de Massachusetts). De acuerdo a él, el universo primitivo atravesó un período de expansión muy rápida durante el que aumentó su radio un millón de billones de billones en una pequeñísima fracción de segundo, como si fuera una burbuja de tamaño velozmente creciente. Al principio, las elevadas temperaturas provocaban movimientos rápidos y caóticos de las partículas a muy altas energías.

En ese estado muy caliente, las fuerzas nucleares fuertes y débiles y la fuerza electromagnética estarían fusionadas en una sola gran fuerza. A medida que el universo se expandía y se enfriaba, la energía de las partículas disminuía y la simetría entre las tres fuerzas finalmente debió romperse. En la llamada «transición de fase» se habrían formado burbujas sobre la simetría quebrada, como si surgieran de agua hirviendo, que se expandían y unificaron para conformar el universo. Hawking y otros demostraron que si las burbujas se inflaban a la velocidad de la luz se habrían separado unas de otras.

Burbujas antrópicas. En 1983 el científico ruso Andréi Linde propuso un modelo inflacionario caótico, en el que no había transición de fase sino un campo de espín 0 con valores altos –a causa de las fluctuaciones cuánticas– en algunas regiones del universo primitivo. En ellas, la energía de este campo, similar a una constante cosmológica, generaría una acción gravitatoria repulsiva y, como efecto, la expansión inflacionaria de aquellas regiones. La energía bajaría proporcionalmente a la inflación hasta crear las condiciones para un big bang expansivo.

Para Hawking, el modelo inflacionario de Linde sugiere la posibilidad de que el estado actual del universo se originó en relación con un número relativamente grande de burbujas diferentes. De modo que, en la «sopa primordial», tendrían que haber existido burbujas cuyas propiedades no hubieran desarrollado un universo como el que habitamos. El principio antrópico lo explica, pero nada dice (salvo por azar) de por qué esa configuración inicial no fue de otro tipo.

En un universo sin fronteras, como el de Hawking, si hay una fase contractiva *(big crunch)*, la flecha entrópica y la psicológica no se invertirían como la flecha cosmológica que se contraería junto con el universo hasta colapsar o hundirse en los agujeros negros. Según el principio antrópico débil, la flecha termodinámica y la cosmológica fluyen en paralelo sólo en la fase expansiva, en la que la vida inteligente satisface su necesidad de consumir energía. Así, el desorden aumentaría no por la expansión, sino porque el universo no tiene fronteras.

Los universos posibles

Según Hawking, el modelo sobre historias posibles y múltiples inventado por Feynman combinado con la teoría de la relatividad general facilitaría calcular cuál será la historia del universo. El tiempo imaginario es utilizado para sumar las trayectorias posibles de la partícula y las ondas correspondientes en el modelo de Feynman que no suceden en el tiempo «real», pese a que uno determinaría al otro. Esto se hace posible en la medida que, en el universo arcaico, las fluctuaciones cuánticas deben haber arrojado aleatoriamente una pequeña cantidad de historias posibles del universo, algunas más probables que otras.

Este cálculo de la evolución del universo requiere conocer el comienzo de las historias, las llamadas «condiciones de contorno», salvo para un universo sin fronteras (sin contornos) como el formulado por Hawking, que se adecua a la forma del tiempo imaginario. Las historias de éste y el tiempo real pueden no coincidir, en especial porque el primero no comporta un universo que haya comenzado. Las historias en el tiempo imaginario, que no difiere de una dimensión espacial más, se representan con una esfera o burbuja, un plano o superficies curvadas como la de una silla de montar.

Los espacios-tiempos aleatorios. Las historias en tiempo imaginario evitan la especificación de las condiciones de contorno, cancelando todo infinito, al constituirse siempre como superficies cerradas y autocontenidas, sin fronteras ni bordes. El tiempo y el espacio son finitos, como la superficie de la Tierra, aunque sin contorno. Si bien Hawking se basa en el modelo cuántico de las múltiples historias de Feynman, lo hace con un cambio fundamental: la historia de una partícula –todas sus trayectorias posibles– es reemplazada por un espacio-tiempo que contiene la historia completa de todo el universo.

En tiempo imaginario, cada una de las superficies cerradas sería una historia –entre múltiples– y cada una de estas historias del universo desarrolladas en formas cuadridimensionales y finitas determinaría una historia en el tiempo real. Éste, a su vez, afectaría a las historias en tiempo imaginario. El número de posibilidades para el universo, según la pluralidad de historias posibles, es muy alto. En algunos de esos universos no se forman galaxias y estrellas, ni se crean las condiciones para la vida de seres inteligentes.

Este hecho, conforme al principio antrópico, reduce la cantidad de historias posibles en las que habría especie humana. Según Hawking, el universo en el que vivimos está incluido en la minoría de historias posibles donde hay galaxias y planetas. En este selecto conjunto de universos posibles, aptos para la vida inteligente, figuran los que poseen el equilibrio justo para no colapsarse sobre sí mismos y continuar expandiéndose, y los de doble inflación. El nuestro, de acuerdo con estas ecuaciones, seguirá por ahora en expansión.

Desde el modelo de la teoría M (supercuerdas, supergravedad en once dimensiones y p-branas) combinado con el de Feynman, la mayoría de las historias posibles del universo están vacías –y en gran número– o presentan propiedades (duran poco tiempo, están demasiado curvadas, etc.) que imposibilitan la vida inteligente. Si se desplegaran seis o siete dimensiones enrolladas en curvaturas muy pequeñas, agregándose a las cuatro ya aplanadas, habría irrumpido un nuevo universo posible, quizá inhumano.

La historia más simple del universo en tiempo imaginario se representa como una diminuta esfera o burbuja lisa de cuatro dimensiones. Esta historia en el tiempo real corresponde a un universo homogéneo que se expande cada vez más rápido y más aceleradamente al modo del universo primitivo inflacionario. Mientras se expande por inflación, crea materia a partir del campo gravitatorio cuya energía negativa cancela la positiva de aquélla. Aun si el universo duplica su tamaño, la energía total siempre sería nula.

Una burbuja rugosa. Este universo inflacionario en tiempo real continuaría expandiéndose indefinidamente, sin que la materia –en equilibrio neutro con la gravitación– genere galaxias y vida inteligente. Por el contrario, las historias del universo en tiempo imaginario, que no son minúsculas esferas perfectamente redondas y lisas sino aplanadas en los polos, se corresponderían con historias en tiempo real donde habría galaxias. Si estuviera achatada ligeramente en el Polo sur, el universo en tiempo real se expandiría en el comienzo de manera inflacionaria, y luego se frenaría para conformar estrellas y otros cuerpos.

El modelo inflacionario explica por qué la radiación del fondo de microondas se observa en cualquier dirección del universo, lo mismo que su aspecto homogéneo. En el modelo del big bang de altas temperaturas, el calor y la luz no contarían con tiempo suficiente para distribuirse en todas las regiones. De modo que nuestro universo en tiempo real, donde la expansión inflacionaria habría empezado a desacelerarse una fracción de segundo después de iniciarse, coincide en el tiempo imaginario con una historia que sería una pequeña burbuja (quizá como las de Linde) un poco aplanada en el Polo sur.

El principio de incertidumbre establece un subconjunto de universos posibles –unas esferas algo deformadas– en tiempo imaginario adecuados para la vida inteligente, cuyas proyecciones en tiempo real dan lugar a una historia en la que el universo se expande de modo inflacionario durante una fase prolongada, aunque no siempre. De estas historias, las más probables, según Hawking, son las burbujas levemente arrugadas por minúsculos pliegues y curvaturas de todo tipo, como p-branas en espacio-tiempos de diez u once dimensiones.

De acuerdo con las predicciones de Hawking, esas ligeras perturbaciones cuánticas han sido medidas como pequeñas variaciones en la temperatura de la radiación del fondo de microondas –del orden de una diezmilésima de grado– por el satélite COBE (Cosmic Background Explorer) en 1992. Esta ínfima variación en las distintas regiones del universo primitivo habría bastado para que la atracción gravitacional de las zonas más densas detuviera la expansión y lo hiciera colapsar sobre sí mismo para crear las galaxias.

CAPÍTULO 5

El viaje en el tiempo

Los agujeros de gusano

Bucles temporales. Si el modelo de historias posibles de Feynman, junto con la teoría de la relatividad general, conduce al universo codificado «en una cáscara de nuez», según Hawking, otras combinaciones tendrían consecuencias directamente sobre la estructura de la flecha del tiempo. Para Hawking, las ecuaciones de Einstein admiten la posibilidad de un espacio-tiempo tan curvado (un bucle) que un viajero espacial podría regresar al punto de partida antes de salir. El tiempo no aumentaría siempre para todos los observadores si, por ejemplo, el espacio-tiempo fuera como un cilindro (la altura sería el tiempo) con una ramificación que vuelve a conectarse con él después de una pronunciada curvatura externa.

Estas ramificaciones o tubos que enlazarían diferentes regiones del universo se conocen como «agujeros de gusano» y en ellas el tiempo se detiene, como en los agujeros negros. Según Hawking, a través de los agujeros de gusano –si existen– sería posible que una nave espacial viaje a una galaxia a millones de años luz de distancia y vuelva antes del despegue. Esto implica una paradoja temporal en la medida que se trata de un viaje al pasado en el que el viajero se encontraría en libertad –al parecer– de modificar su propio futuro.

Sin embargo, en la teoría de la relatividad toda nave espacial viaja en el espacio-tiempo a una velocidad menor que la de la luz, siguiendo trayectorias temporales definidas. No resulta claro tampoco si los posibles bucles que deforman el espacio-tiempo lo están tanto que objetos macroscópicos, como naves espaciales, logren introducirse en ellos. De hecho, ni la relatividad especial de Einstein (espacio-tiempo plano y sin gravedad) ni la general –pese a ciertas paradojas temporales, como la de los gemelos– permiten viajes en el tiempo.

En 1949 el matemático Kurt Gödel (autor, en 1931, de un influyente teorema de «incompletud» acerca de los límites de los sistemas formales de axiomas) formuló un espacio-tiempo compuesto de materia en rotación constante que formaba bucles temporales en cada uno de sus puntos. Como este espacio-tiempo requería una constante cosmológica, que ya había desechado Einstein, se buscaron otros soluciones. Hawking destaca de éstas las dos cuerdas cósmicas que se atraviesan entre sí a velocidad elevada.

Curvaturas. Estas cuerdas no están relacionadas con la teoría de las supercuerdas descrita en el Capítulo 2. Por el contrario, son objetos largos y pesados, cuya longitud posee una sección transversal minúscula. Se habrían formado cuando el universo primitivo inflacionario de Guth se enfriaba y la energía de las partículas disminuyó, rompiendo la simetría entre las tres fuerzas. En la «transición de fase» (mientras surgían las burbujas) la simetría debió romperse de diferentes maneras en las distintas regiones. Cada una de ellas tendría, según esta teoría, diferentes estados fundamentales (o estados de energía más baja). En sus bordes, la materia se habría configurado como cuerdas cósmicas.

Cuando comenzó la expansión, las cuerdas se estiraron también con el movimiento expansivo hasta atravesar en la actualidad toda la longitud del universo. Sin embargo, fuera de ellas, el espacio-tiempo es plano, aunque le faltaría un sector circular cuyo vértice estaría en la cuerda. Hawking representa esto como un cono en el que se curva el espacio-tiempo alrededor de ella, trazando círculos muy cortos. Si otra cuerda se desplaza en relación a ella se acortarán tanto las distancias como los intervalos temporales en el espacio-tiempo para un observador situado en la primera cuerda. Si se mueven entre sí a una velocidad cercana a la de la luz, entonces el tiempo se acortará tanto al curvarse sobre las cuerdas que llegará antes de salir, produciendo un bucle que viaja hacia el pasado.

Sin embargo, como esta deformación de las cuerdas cósmicas en el espacio-tiempo se extiende hasta el infinito en el espacio y en el pasado, Hawking desestima que en el universo primitivo hubiera bucles temporales pero no la posibilidad de que una civilización supertecnológica los construya en una región finita. Para viajar en el tiempo debería generar, en la frontera de una región compacta en la que se efectuarían los viajes temporales, un horizonte de rayos de luz muy curvados que separe la zona donde hay bucles temporales de la que no los tiene.

Energía cuántica. El horizonte de viajes en el tiempo es parecido al horizonte de sucesos de los agujeros negros. A éste, lo conforman los rayos de luz que están por caer en su interior, al de los viajes en el tiempo, los rayos luminosos que están por cerrarse sobre sí mismos. La máquina del tiempo de Hawking generaría este horizonte finito con la luz de la región deformada donde se han creado los bucles temporales. Aunque es posible que en él cualquier rayo de luz se cierre completamente sobre sí mismo, regresando una vez tras otra al mismo punto en intervalos de tiempo y de longitud de onda cada vez más cortos. En este caso, los viajeros del tiempo quedarían atrapados en una historia repetitiva de tiempo finito.

De acuerdo con Hawking, para deformar el espacio-tiempo y construir una máquina del tiempo finita se necesita energía negativa (energía inferior a la del vacío). Para ello la energía positiva de las cuerdas cósmicas, que son infinitamente largas, representa un nuevo obstáculo. No ocurre así con las fluctuaciones cuánticas, donde su densidad de energía infinita permite obtener la densidad de energía finita del universo: existen estados cuánticos donde la densidad de energía es localmente negativa y la energía total positiva.

Las fluctuaciones cuánticas actúan incluso en un espacio aparentemente vacío, con pares de partículas virtuales (como se especificó en el Capítulo 2) cargadas unas con energía positiva y otras con energía negativa. Cuando una de éstas cae en un agujero negro, la de energía positiva escapa como si fuera radiación (la que lleva el nombre de Hawking) que expulsa la energía positiva del agujero. Las partículas de energía negativa caídas en su interior provocarían la pérdida de masa y la disminución del tamaño del horizonte de sucesos.

Esto sucede porque las fluctuaciones cuánticas dirigen un flujo de energía negativa hacia el interior de los agujeros negros por medio del horizonte de sucesos. Su tamaño se reduciría debido a la densidad de energía negativa del horizonte. Si la energía positiva de la materia ordinaria deforma el espacio-tiempo de tal manera que los rayos de luz se curven unos hacia otros, la energía negativa del horizonte de un agujero negro que se encoge lo deforma de tal manera que los rayos de luz divergen unos hacia otros.

De modo que una civilización supertecnológica podría generar una cantidad de densidad de energía negativa a nivel cuántico lo suficientemente intensa como para usar una máquina del tiempo apta para objetos macroscópicos. Sin embargo, en la medida que en el horizonte de los viajes en el tiempo giran indefinidamente rayos luminosos cerrados, cualquier partícula capturada en historias repetitivas incrementaría la densidad de energía al infinito y arrojaría una fulminante descarga de radiación sobre cualquier objeto que ingresara en el horizonte.

La civilización supertecnológica bien podría hallar el recurso para convertir en finita (quizá eliminando las partículas virtuales que giran en bucles cerrados) la densidad de energía en el horizonte de la máquina del tiempo, aunque ésta sería muy inestable. La menor perturbación en esa frontera (simplemente los viajeros que se acercan a la máquina del tiempo) desencadenaría de nuevo la circulación repetitiva de partículas virtuales y originaría un estallido de radiación.

Para responder al problema de los viajes en el tiempo Hawking recurre una vez más a elementos de una teoría cuántica de la gravedad y a las historias de Feynman. Las fluctuaciones cuánticas en el espacio-tiempo tendrían efectos diferentes a los ocasionados en la materia, que se conciben como historias múltiples donde cada una contiene un espacio-tiempo curvo con campos de materia. La suma de las historias incluye también las de partículas que viajan hacia atrás y hacia delante en el tiempo, así como bucles cerrados.

Feynman con Einstein. Según Hawking, los efectos de las historias de partículas en bucles cerrados se han medido en muchos experimentos. A escala microscópica, entonces, parece muy posible que se realicen viajes en el tiempo, aunque no se puedan observar. A escala macroscópica ya es otra cuestión. La suma de historias admite alguna probabilidad de inclusión de espacio-tiempos de fondo con bucles temporales macroscópicos o que están cerca de ello. Estas historias (examinadas por Hawking y el estudiante Michael Cassidy) tienen en común la propiedad de parecerse mucho al universo estacionario einsteiniano.

Cómo sabemos, Einstein creía tanto en un universo invariable en el tiempo (lo que sus ecuaciones desmentían) que añadió a la teoría de la relatividad general la constante cosmológica. Ésta se comportaba como una fuerza antigravitatoria que, a diferencia de las otras fuerzas, no provenía de ninguna fuente que no fuera el propio espacio-tiempo. En la medida en que el universo tenía tendencia a expandirse, la constante cosmológica equilibraba la atracción de la materia del espacio-tiempo impidiendo la expansión.

Este universo es finito y constante en el tiempo: ni se expande ni se contrae. El tiempo fluye desde un pasado infinito hacia un futuro infinito, aunque las direcciones espaciales se cierran finitamente sobre sí mismas. Hawking lo representa como un cilindro de tamaño finito que gira de tal manera que la velocidad de todas sus partes espaciales es menor que la de la luz, y en cuyo eje se encuentra la dirección del tiempo. Cuanto más lejos se está de él, más aumenta la velocidad de giro, siempre con valores menores que la velocidad de la luz.

El teorema de historias posibles de Feynman en el universo en rotación de Einstein predice que, cerca de la velocidad lenta del eje, la suma de trayectos posibles de una partícula es elevada. A su vez, la probabilidad de este espacio-tiempo de fondo en la suma de todas las historias de universos curvados también resulta alta. Sin embargo, a la inversa, a medida que la partícula se mueve hacia el borde exterior –alejándose del eje– y se aproxima a la velocidad de la luz, la suma de historias posibles se hace cada vez más pequeña y disminuye la probabilidad de estos espacios-tiempos en la suma de todas las historias de universos curvados.

Como los universos rotantes de Einstein son matemáticamente equivalentes a otros que admiten bucles temporales, Hawking entiende que en los primeros habrá una secuencia de impulsos crecientes en la velocidad de rotación de la partícula hasta llegar a un valor crítico donde aparecerán bucles temporales. Sin embargo, en la medida en que la probabilidad de estos espacios-tiempos en la suma de todas las historias de universos curvados baja cada vez más al acercarse a la velocidad de la luz, la probabilidad de alcanzar la deformación donde surgen los bucles decrece simplemente a cero a medida que la partícula se aproxima al tiempo-luz.

Según esto, la probabilidad de generar un bucle temporal para que lo utilice una máquina del tiempo es insignificante, menos que uno dividido por un uno seguido de un billón de billones de billones de billones de billones de ceros, de acuerdo con el irónico cálculo de Hawking. Esto si se acepta la dualidad de ciertos fenómenos físicos, donde es tan correcto considerar que una partícula se mueve en un bucle cerrado en espacio-tiempo fijo (curvo o plano) como a la inversa: lo que se mueve sería el espacio-tiempo y no la partícula.

El teorema de Thorne

El túnel del gusano. La descripción de acuerdo a la teoría de la relatividad general de los agujeros negros proviene del astrónomo alemán Karl Schwarzschild, que en 1916 calculó el campo gravitatorio de una estrella masiva estacionaria. En 1960 Martin Kruskal y otros revisaron el problema mediante un procedimiento matemático conocido como extensión analítica. Demostraron que la solución de Schwarzschild no implicaba un único universo sino dos: el que habitamos y otro inaccesible, separado y aislado del nuestro por el horizonte de sucesos.

Los cálculos de Kruskal probaron que ningún objeto que viaje a velocidades menores que la de la luz evitaría hundirse en la singularidad antes de alcanzar el otro universo. Aunque existe una conexión entre ambos universos (llamado puente de Einstein-Rosen), éste evoluciona con el tiempo de tal modo que se cierra sobre sí mismo antes de que cualquier cuerpo lo atraviese. En 1963 Roy Kerr reformuló ese puente como un agujero de gusano atravesable: un túnel o tubo que conectaría dos regiones distantes del espacio-tiempo.

En 1988 Kip Thorne (titular de la cátedra Feynman en el Instituto Tecnológico de California) y sus colegas Mike Morris y Ulvi Yurtsever publicaron un artículo sobre los agujeros de gusano y la máquina del tiempo. En el teorema de Thorne (con el que estudió Hawking y al que estima explícitamente como amigo y colega), un viajero podría transitar por un agujero de gusano sin estallar por los efectos gravitatorios. El túnel sería estable y no se cerraría a mitad del trayecto. El agujero de gusano de la teoría de Thorne exige una materia llamada «exótica» porque se trata de energía negativa capaz de deformar el espacio-tiempo en curvaturas muy pronunciadas.

Pocos años después de conocerse la teoría de la relatividad general ya se habían formulado las primeras descripciones de regiones con curvas temporales cerradas. Entre éstas destacan el cilindro de longitud infinita y compuesto de polvo en rotación rápida de Van Stockum, y el universo en rotación de Gödel. Ambas contienen trayectorias en el espacio-tiempo que permiten viajar hacia el pasado y regresar al presente, aunque fueron rechazadas en su momento por los físicos teóricos.

Protección cronológica. A mediados de los años 70 Frank Tipler demostró que la construcción de una máquina del tiempo de tamaño finito conforme a las ecuaciones de Einstein requería de los agujeros de gusano. La máquina del tiempo propuesta por Thorne, Morris y Yurtsever –una combinación de algunos conceptos de la teoría de la relatividad especial con la estructura atravesable de un agujero de gusano– tiene dos bocas; una boca permanece inercial y la otra es acelerada hasta alcanzar velocidades cercanas a la de la luz, desacelera, y luego retorna a la posición original.

Sin embargo, como los viajes en el tiempo (en especial, al pasado) sugieren una serie de paradojas, se han planteado varias conjeturas para evitarlas: la radical (la física debe reelaborarse en su totalidad para dar lugar a la posibilidad real de realizar viajes en el tiempo), la de consistencia de Novikov (los viajes en el tiempo están permitidos pero la historia del universo es única, y no es posible modificar lo que ya ha sucedido) y la conjetura de protección cronológica de Hawking.

Ésta establece que la existencia de agujeros de gusano está permitida por las leyes de la física, aunque los viajes en el tiempo no son factibles a causa de los efectos cuánticos que impedirían construir o usar una máquina del tiempo. Para razonar esta conjetura, Hawking se basa en que no hay prueba alguna de viajeros del tiempo que procedan del futuro. Este argumento empírico fue impugnado por Thorne, que probó que las máquinas del tiempo no admiten viajes a tiempos anteriores al de su propia creación.

En abierto desafío a Thorne, con el que ha hecho varias apuestas, la civilización supertecnológica de Hawking hallaría muchos obstáculos cuánticos para viajar en el tiempo. La conjetura de protección de la cronología prohíbe máquinas del tiempo pero no completamente la posibilidad de usar agujeros de gusanos atravesables –si los hay– como atajos del espacio-tiempo. Sin embargo, para Hawking, mientras no se cuente con una Teoría de la Gran Unificación (TGU) completa, la idea de una nave espacial que viaje a través de estas deformaciones a una velocidad superior a la de la luz no es por completo descartable.

El modelo de la teoría M (supercuerdas, supergravedad en once dimensiones y p-branas) representa, conforme a Hawking, el esbozo de una «teoría del todo» –una TGU– final. Este modelo, como se describió en el Capítulo 3, trata a los agujeros negros como efectos de la intersección de p-branas en las dimensiones extras del espacio-tiempo. Según esto, habitaríamos en una 3-brana cuadridimensional –tres dimensiones espaciales y una temporal, con las dimensiones restantes enrolladas en escalas microscópicas–, que en realidad sería la frontera de una p-brana de cinco dimensiones. ¿Se tratará de un nuevo agujero de gusano?

CAPÍTULO 6

Los mundos membrana

Una nueva imagen del universo

Escala de Planck. El estado actual de la teoría M es incompleto y carece de una formalización única, aunque los modelos que reúne convergerían en una teoría fantasmal subyacente. Hawking la compara con un rompecabezas del que se conocen sólo las piezas de los bordes, las del centro son incógnitas. A medida que las magnitudes se hacen más minúsculas, los modelos parciales tocan sus límites. Se supone que mientras más aumenten los conocimientos a escalas más micrónicas se hallarán nuevos y más complejos fenómenos. Por ahora, la barrera coincide con la llamada longitud o era de Planck.

Como se expuso en el Capítulo 1, las leyes de la física clásica se detienen en la primera centésima de segundo posterior al big bang, cuando la temperatura del universo primitivo era de unos cien mil millones de grados K y su tamaño mucho más reducido que el actual. A temperaturas superiores comienza la era de Planck o de los Dragones, cuya física fundamental mínima –en un orden de longitud de un milímetro dividido por cien millones de billones de billones, según Hawking– todavía no ha sido comprendida.

La física clásica domina las distancias estelares y reduce su campo hasta aproximadamente una centésima de milímetro. En ella, la materia está compuesta por átomos, y éstos por electrones que giran en torno a un núcleo formado por protones y neutrones. La física atómica llega a escalas de millonésima de milímetro, donde los protones y neutrones se muestran compuestos a su vez por otras partículas más pequeñas: los quarks. La física nuclear y de altas energías –a escala mil millones de veces más reducida– investiga el comportamiento de partículas que van disminuyendo cada vez más.

La escala de Planck constituye la barrera insuperable para las estructuras microscópicas en las que se abisma la física contemporánea. Para penetrar en ella se necesitarían aceleradores de partículas de energías tan elevadas y distancias tan mínimas que deberían tener el tamaño del sistema solar, y aun así las partículas posiblemente colapsarían en agujeros negros ultradiminutos. Sin embargo, para Hawking, por medio de la teoría M se podría obtener una solución sobre el universo de la longitud fundamental de Planck.

Multidimensionalidad. Según este teorema, el espacio-tiempo contaría con diez u once dimensiones, de las que seis o siete permanecerían enrolladas con un radio muy pequeño en nuestro universo cuadridimensional. Éste sólo parecería tal a escala humana, atómica, subatómica o nuclear. Si se lo sondea con partículas de energía muy elevada y escalas muy pequeñas, de acuerdo con Hawking, se observaría que tiene diez u once dimensiones. Está claro que si las dimensiones extras fueran muy pequeñas sería imposible detectarlas, salvo que algunas de ellas sean grandes o infinitas.

Hawking prefiere la última opción, en la medida que la próxima generación de aceleradores de partículas podrían observarlas o captar sus efectos en la fuerza de la gravedad a distancias mínimas. Si esto se verifica significaría que existen otras dimensiones extensas y que habitamos en un universo membrana cuadridimensional en la frontera de un espacio-tiempo de muchas dimensiones. La supergravedad predice diez u once, aunque el número de esta dimensionalidad de p-branas sería más alto.

En nuestro universo membrana, la materia y las fuerzas no gravitatorias –electromagnética, fuerte y débil nuclear– estarían encerradas en las cuatro dimensiones desplegadas. Por esto, la fuerza eléctrica entre un núcleo de átomo y los electrones que orbitan a su alrededor se haría menor en relación a la distancia entre ellos, permitiendo las órbitas estables (de Bohr) de los electrones en torno al núcleo y –en rigor– la existencia de los mismos átomos. Si éstos no fueran estables, de acuerdo al principio antrópico, la 3-brana en la que vivimos no sería apta justamente para nosotros, lo que no es evidente.

La fuerza gravitatoria, por el contrario, se prolongaría hacia las dimensiones adicionales, disminuyendo con la distancia –como se observa– muy rápidamente, para diseminarse por todo el volumen del espacio-tiempo multidimensional en forma de curvatura espacial. Si no decrece a una velocidad mayor a distancias astronómicas (si lo hiciera, los planetas se precipitarían sobre el sol o se fugarían hacia la lejanía estelar) es porque, según entiende Hawking, nuestro universo membrana se halla cerca de otra p-brana.

Una sombra. Esa membrana próxima –donde se acumulan las dimensiones extras– impediría que la fuerza gravitatoria se extienda ilimitadamente hacia la dimensionalidad restante, de modo que a distancias mayores que la distancia de la separación entre las p-branas (la escala astronómica) la gravedad disminuiría a la velocidad acorde con un espacio-tiempo cuadridimensional (antrópico). De algún modo, como la fuerza eléctrica en nuestra membrana, la fuerza de la gravedad quedaría atrapada en parte entre las p-branas.

A distancias menores que esa separación entre membranas la fuerza gravitatoria sería más variada. Varios experimentos han medido sus minúsculos efectos a distancias mínimas entre objetos pesados, aunque todavía no se ha logrado captar influencias de membranas separadas a menos de algunos milímetros. Estas mediciones se están realizando a distancias cada vez más cortas. La p-brana próxima a nuestra 3-brana estaría separada quizá por apenas millonésimas de milímetro, según Hawking como una membrana «sombra».

La luz permanecería cautiva (como en un agujero negro: una membrana de una sola dirección) en los universos membrana, y al no propagarse en el espacio abierto entre ellas el miembro sombra no sería visible, aunque los efectos gravitatorios de su materia se harían sentir en nuestra p-brana como una fuerza «oscura». Esto explicaría (y no los agujeros negros) la masa insuficiente en la materia observable para justificar la velocidad de giro de las estrellas de nuestra galaxia (y de otras) alrededor del centro. De haber una membrana sombra cerca de nuestro universo membrana las estrellas podrían girar en torno a una masa oscura situada en ella.

El peso del universo. La materia oscura se conoce aproximadamente desde mediados de los años 70, cuando los cosmólogos concluyeron que en las galaxias debería haber mucha más materia que la visible para girar a la velocidad que lo hacen y no abandonar las órbitas. Las estrellas de los bordes de las galaxias espirales, como la Vía Láctea, rotan tan rápidamente que no podrían mantenerse orbitando sólo por la atracción gravitatoria que ejercen sobre ellas la materia de las otras estrellas. Al menos, en esas zonas exteriores, las galaxias deberían tener más masa para sostener las velocidades rotacionales.

Durante mucho tiempo se creyó que la parte central de las galaxias estaba formada por materia ordinaria –visible–, mientras las regiones exteriores lo estaban por materia oscura, invisible. Ésta se consideraba, hasta 1980, materia ordinaria compuesta por protones, neutrones y electrones que por alguna razón desconocida no eran detectables, lo mismo que ciertas nubes de gas o MACHO (Massive Compact Halo Objects: objetos compactos masivos del halo), como enanas blancas, estrellas de neutrones o agujeros negros.

Hacia el final del siglo XX, las nuevas investigaciones acerca del origen de las galaxias sugirieron que una cantidad elevada de materia oscura debería adoptar una forma diferente de la materia ordinaria. Se propuso que posiblemente esa materia invisible e inobservable provenía de la interacción de los neutrinos o de partículas elementales muy ligeras y extrañas llamadas axiones y WIMP (Weacky Interacting Massive Particles: partículas con masa ligeramente interaccionantes) que –todavía hoy– no han sido registradas por los aceleradores de partículas.

De hecho, en febrero de 2003, el satélite WMAP (Wilkinson Microwave Anisotropy Probe) –sucesor del Explorador de la Radiación de Fondo Cósmica (COBE)–, que registra imágenes con una resolución y precisión cuarenta veces mayor que el COBE, mostró que el universo posee un elevado porcentaje de materia oscura pero se expande a velocidad creciente a causa de una energía oscura. Desde junio de 2001 el satélite orbitó la Tierra y registró después emanaciones cósmicas desde el lado oscuro de la Luna, obteniendo el mapa más detallado que se conoce del cosmos temprano.

La imagen revela el surgimiento de las primeras estrellas a sólo doscientos millones de años después del big bang, alrededor de quinientos millones de años antes de lo que se creía. El universo, según el mapa, sería geométricamente plano (las paralelas no se cruzan en escala cósmica) y tendría trece mil millones de años, entre el 1 y el 4 por 100 de su peso correspondería a átomos, el 23 por 100 a materia oscura, y el 73 por 100 a energía oscura.

Sin embargo, nadie sabe con certeza qué es la energía y la materia oscura que dominan el 96 por 100 del universo. La constante cosmológica de Einstein nuevamente parecería la respuesta correcta, aunque también podría tratarse de partículas remanentes del big bang o de axiones y WIMP. Según el universo membrana de Hawking, la materia oscura (no así la energía oscura) sería el indicio de una membrana sombra vecina a la nuestra, cuya materia afectaría a las estructuras de la p-brana cuadridimensional que habitamos.

Membranas y ondas gravitatorias. En el modelo alternativo de Randall-Sundrum habría una sola membrana de infinitas dimensiones adicionales y muy curvada, similar a una silla de montar (como en ciertas superficies de las historias en tiempo imaginario). Esta curvatura impediría que el campo gravitatorio de la materia de una membrana se extienda demasiado lejos en la dimensionalidad extra. En la práctica, actuaría como un universo membrana sombra sobre la fuerza gravitatoria tanto respecto a la estabilidad de las órbitas estelares o planetarias como a las mediciones experimentales a distancias mínimas.

En la teoría de la relatividad general los cuerpos pesados que se desplazan bajo la fuerza de gravedad emiten ondas gravitatorias, sustrayendo energía de los cuerpos emisores con tasas de pérdida muy bajas y difíciles de medir. A partir de 1975 Russell Hulse y Joseph Taylor (premios Nobel en 1993) lograron observar los efectos del transporte de energía de las ondas gravitatorias en el púlsar binario PSR1913+16, cuyas dos estrellas de neutrones giran una alrededor de la otra muy cerca (un radio solar) decreciendo a escala temporal –unos diez segundos desde 1975– en cada órbita por efecto de la emisión de las ondas gravitatorias.

La diferencia entre la membrana sombra de Hawking y la membrana infinita de Randall-Sundrum es que las ondulaciones de curvatura de las ondas gravitatorias –que se mueven en el espacio-tiempo a la velocidad de la luz– no tienen el mismo comportamiento. En el de Randall-Sundrum, las ondas gravitatorias de corta longitud producidas en nuestra 3-brana se escaparían hacia el infinito de las dimensiones extras provocando una pérdida de energía constante. Por el contrario, si hay una membrana sombra esto no ocurriría al quedar atrapadas las ondas entre ambas p-branas.

Aunque el modelo de Randall-Sundrum viola el principio fundamental físico de conservación de la energía (la cantidad total de energía permanece siempre constante), lo hace sólo para una membrana no para todas. La energía, según Hawking, podría distribuirse en la dimensionalidad restante de tal forma que siempre permaneciera constante en la totalidad del sistema. Sin embargo, el flujo de la energía de una membrana a otra dependería de si la longitud de onda de las ondas gravitatorias es mayor o menor que el radio de la curvatura total de la membrana de dimensiones adicionales.

Las estrellas del púlsar binario PSR1913+16 producirían, según Hawking, ondas gravitatorias de una longitud de onda mayor a ese radio –estarían muy cerca de la membrana–, no se diseminarían mucho en las dimensiones extras y no dejarían escapar demasiada energía de la p-brana propia. Las ondas gravitatorias de longitud menor al radio de la curvatura, por el contrario, huirían masivamente hacia las otras dimensiones. Quizá sólo existe una única fuente de cantidades importantes de ondas gravitatorias de pequeña longitud de onda: los agujeros negros.

Esto quiere decir que un agujero negro en nuestro universo membrana se prolongará como tal en las otras dimensiones. Si fuera diminuto sería casi redondo y se introduciría en la dimensionalidad de la p-brana hasta una distancia igual a su radio en la membrana. Si fuera grande se extendería aplanado y penetraría en las dimensiones adicionales en relación inversa a su radio en la membrana: quedaría cerca de la membrana vecina y sería cada vez menos grueso a medida que se prolonga dimensionalmente.

Implosión. Como los agujeros negros no son completamente negros, según la gravedad cuántica de Hawking, emiten partículas y radiación de luz a lo largo de la membrana en razón de que la materia y las fuerzas no gravitatorias están encerradas en ella. Las ondas gravitatorias, que no están prisioneras de la membrana, se esparcirían en las dimensiones extras, a poca profundidad si fuera un agujero negro grande. En este caso el agujero negro perdería energía y masa –en conformidad con la teoría de la relatividad general– y se encogería lentamente hasta llegar por debajo del radio de la curvatura de la dimensionalidad superior.

Como se dijo en el Capítulo 3, a medida que el agujero negro pierde masa asciende su temperatura y la velocidad de emisión de partículas y radiación, elevándose el ritmo de pérdida de masa hasta reducirse a escala muy pequeña. Hawking calculaba que la explosión final de radiación era de varios millones de bombas H, aunque quizá se trataría de una implosión. Encogido hasta alcanzar un radio por debajo de la curvatura de la membrana multidimensional, las ondas gravitatorias huirán por completo hacia las dimensiones extras.

La interpretación de las historias múltiples

Pero ¿de dónde habrían surgido los universos membrana? ¿Qué hay fuera de ellos? ¿Cómo comenzaron y cómo será su final? Los universos membrana, de acuerdo con Hawking, aparecen y desaparecen aleatoriamente producidos por las fluctuaciones cuánticas. Sucede un poco como en el modelo inflacionario caótico de Linde explicado en el Capítulo 4, para el que nuestro universo se originó en relación con un número relativamente grande de burbujas diferentes de la «sopa primordial», de modo que en ella tendrían que haber existido burbujas cuyas propiedades no hubieran evolucionado en un universo antrópico. Estas propiedades, para Hawking, son cuánticas.

La quinta dimensión. Los universos membrana habrían emergido de una «sopa primordial» hirviente, llena de partículas que interactúan velozmente a las altas energías de la era de los Dragones, como burbujas que crecen o se encogen de modo más o menos azaroso. La mayoría de las burbujas creadas por las fluctuaciones cuánticas se evaporarán o colapsarán en esta sopa microscópica y otras– las menos– alcanzarán un cierto tamaño crítico a partir del cual continuarán creciendo. El principio de incertidumbre permite que los universos membrana se formen aleatoriamente.

La superficie de la burbuja sería la membrana y el interior la dimensionalidad adicional. En el tiempo imaginario de la «propuesta de ausencia de límites» (que impide la expansión de la historia del universo en una sola dirección y su colapso final, ya que el espacio-tiempo sería una burbuja autocontenida), las historias de Feynman del universo, que no son minúsculas esferas perfectamente redondas y lisas sino aplanadas en los polos, se corresponden con historias en tiempo real donde habría galaxias. La creación aleatoria de un universo membrana por las fluctuaciones cuánticas también tendría, en tiempo imaginario, una historia similar a una cáscara de nuez, una diminuta esfera cuadridimensional ligeramente rugosa.

Sin embargo, aquellas burbujas levemente arrugadas por minúsculos pliegues y curvaturas de todo tipo (como p-branas en espacios-tiempos de diez u once dimensiones, como se observó en el Capítulo 4) estaban vacías. Como la teoría M indica que las otras dimensiones del espacio-tiempo serían mucho más pequeñas que la nuez, en los universos membrana las burbujas están efectivamente llenas. La historia en tiempo imaginario de la membrana que habitamos determinaría una burbuja cuadridimensional que sería la frontera de otra de cinco dimensiones, con la dimensionalidad restante enrollada.

Esta membrana, en tiempo real, se expandiría de manera inflacionaria acelerada y después empezaría a desacelerarse para crear estrellas y vida inteligente. En el modelo de Linde, la energía bajaría proporcionalmente a la inflación, hasta crear las condiciones para un big bang expansivo. Según Hawking, juntamente con la expansión de la membrana crecería el espacio de la dimensionalidad contenida en el interior. Por tanto, no viviríamos realmente en una membrana cuadridimensional sino en una membrana sombra.

Códigos. Si la gravedad cuántica posee –como se dijo en el Capítulo 2– ciertas propiedades holográficas capaces de contener fenómenos tridimensionales en superficies de sólo dos dimensiones, los estados cuánticos se inscribirían en los bordes bidimensionales de los agujeros negros o también en cualquier región cerrada del universo con una dimensión menos. En el modelo de los universos membrana el principio holográfico codificaría información biunívocamente entre nuestra membrana cuadridimensional y los estados de la dimensionalidad superior.

De acuerdo con Hawking, es posible que el exterior de las membranas-burbujas se encuentre por completo vacío, simplemente una nada en la que la membrana estaría sola con la dimensionalidad en su interior. Otra posibilidad sería que esta membrana-burbuja esté unida a otra por sus bordes externos, o también que hubiera muchas membranas-burbujas expandiéndose en un espacio desconocido (o de características cuánticas). En él se formarían nuevas membranas-burbujas que se expandirían por el espacio. Si colisionarán o se unieran entre sí se ocasionarían una catástrofe mutua, o algo parecido al big bang.

Los universos membranas no son más que modelos matemáticos muy especulativos para Hawking, aunque cuentan con la ventaja de satisfacer protocolos experimentales. Si la debilidad de la fuerza gravitatoria se debe a su diseminación por las dimensiones adicionales de la 3-brana donde vivimos, la longitud de Planck no sería tan pequeña como se piensa y se sometería al sondeo de la nueva generación de aceleradores de partículas. En un futuro cercano, con ellos y otras mediciones disponibles (la radiación del fondo cósmico de microondas), sabríamos si vivimos en un universo membrana o no.

Multiplicidad cuántica. La consecuencia más obvia y simple del modelo de los universos membrana es que habría tantos mundos como opciones cuánticas hubo en el universo primitivo. Las fluctuaciones cuánticas propician, a causa del principio de incertidumbre, la existencia de múltiples historias del universo. Una idea parecida formuló el físico Hugh Everett III en 1957 con la llamada interpretación de las historias múltiples. Hawking, sin embargo, se ha expresado de forma peyorativa respecto a esta teoría.

El modelo de los universos membrana es aceptado hoy (sin nombrar a Feynman, que murió en 1988) por algunos de los físicos teóricos más respetados; entre ellos, Murray Gell-Mann y el físico norteamericano Bruce De Witt se han mostrado básicamente de acuerdo con Hawking sobre la interpretación de las historias múltiples –como se la conoce–, aunque Penrose la rechaza; y Weinberg también está a favor de la multiplicidad cuántica de los mundos.

Los descubrimientos del satélite WMAP (el sucesor del COBE) en febrero de 2003, que revelaron que el universo se expande a velocidad creciente a causa de una energía oscura, no invalidan el modelo inflacionario de las membranas-burbujas de Hawking. La «propuesta de ausencia de límites» ya predecía un universo que se expande primero por inflación y después por el big bang caliente. Por el contrario, la relación entre peso de materia y energía oscura del mapa del WMAP desmentiría la predicción de una contracción final *(big crunch),* ya que parece que nuestro universo continuará expandiéndose hasta la muerte térmica. ¿O quizá una civilización supertecnológica podría salvarse del colapso final?

CAPÍTULO 7

Supertecnología y final del universo

La civilización poshumana

El respetado filósofo y cosmólogo británico Paul Davies, en su libro *Los últimos tres minutos* (1994) –que parafrasea el de Weinberg, citado en el Capítulo 1–, ofrece algunas descripciones sobre el final de la era de la luz en el universo y el porvenir de los humanos o, mejor dicho, de sus descendientes. Davies parte de una premisa y una dificultad. La primera expresa que si las leyes de la física conocidas son sustancialmente correctas, con el tiempo suficiente todo lo que pueda suceder sucederá. La segunda se enfrenta a la limitación que supone imaginar –sin caer en la ciencia ficción– una civilización tecnológica de un billón o más de años.

El cadáver cósmico. Si el universo continúa expandiéndose, como parece, dentro de diez mil millones de años la mayoría de las estrellas del universo actual habrán sucumbido a la segunda ley de la termodinámica. Dentro de dos mil o tres mil millones de años el sol comenzará a apagarse y la vida inteligente que habite la Tierra tendrá que emigrar o perecer. La Vía Láctea, durante varios de miles de millones de años más, seguirá engendrando nuevas estrellas mientras otras mueren. La nebulosa de Orión ofrece hoy una muestra de ese regeneramiento estelar que proseguirá durante mucho tiempo, aunque no siempre. La oscuridad, al final, vencerá.

Dentro de un inasible cuatrillón de años, calcula Davies, el universo (que se habrá expandido diez mil billones de veces más que su actual tamaño) estará oscuro pero no vacío. Por el espacio vagarán galaxias envejecidas, agujeros negros en rotación, estrellas de neutrones, enanas negras, algunos planetas muertos. Mientras más se expanda el universo menos densa será la materia de estos cuerpos y más se separarán entre sí. Sin embargo, poco a poco, la emisión de ondas gravitatorias irá sustrayendo la energía –igual a masa– y las estrellas muertas caerán en los agujeros negros.

Al final, el universo será un océano oscuro y frío de fotones, neutrinos y antineutrinos (que no se descomponen), y algunos electrones y positrones en lenta extinción y cada vez más distantes entre sí. Serán los restos que habrán dejado los agujeros negros que no se evaporaron antes de su metamorfosis última. La radiación del fondo de microondas quedará reducida a una temperatura infinitamente pequeña. No habrá ninguna actividad física que revierta ese estado semicadavérico del universo, en el que permanecerá eternamente.

El positrón. La predicción final de Davies se basa en la pequeñísima posibilidad cuántica de la descomposición de los protones en positrones (una partícula idéntica al electrón, aunque de carga negativa) y piones neutros, que son muy inestables y se descomponen rápidamente en dos fotones. Si el protón se desintegra, lo que viola la ley que prohíbe su transmutación, lo haría aproximadamente en un trillón de años más que la edad actual del cosmos. Esto significa que la materia, transcurrida esa enorme cantidad de tiempo, se disolverá.

También es posible que la vida media de un protón se eleve a casi un sextillón de años (un 1 seguido de unos prodigiosos doscientos veinte ceros) si interviene en su descomposición la fuerza gravitatoria. En la medida que un protón está compuesto por dos quarks «arriba» con dos tercios de carga positiva y un quark «abajo» con un tercio de carga negativa, los cuales intercambian posiciones según el principio de incertidumbre, a veces se acercan mucho entre sí. Si lo hacen demasiado, la fuerza gravitatoria se incrementará y los quarks se fusionarán en un minúsculo agujero negro que durará un instante, produciendo un positrón.

Sin embargo, transcurridos los eones necesarios, los protones de desintegrarán en positrones y se romperá el equilibrio entre partículas cargadas positivamente (la mayoría protones) y negativamente (electrones). Según las pruebas experimentales, como el positrón es la antipartícula del electrón al colisionar forma primero un positronio –dura una fracción de segundo– y luego se aniquilan ambos en energía fotónica. En el espacio, por el contrario, tardarían (si llegan) varios billones de años en fusionarse en un positronio.

Energía negra. Es importante que, antes de desaparecer tras un resplandor de calor o una silenciosa implosión, los agujeros negros liberen la energía de onda gravitatoria de la masa en reposo de la materia engullida –siempre que dispongan de ella– durante mucho tiempo. Según Hawking, Penrose, Carter y otros, si se fusionarán dos agujeros negros que no rotan y de masa idéntica habría una pérdida de energía del orden del 29 por 100 de la masa en reposo. Si los agujeros rotarán a la velocidad de la luz, uniéndose a contrarrotación a través de sus ejes, emitirían el 50 por 100 de energía de onda gravitatoria.

En la radiación de Hawking no hay diferencia entre el flujo de energía cuántica de un agujero negro y la temperatura de un cuerpo caliente. Mientras mayor es la masa del agujero menos temperatura tendrá, y a la inversa: mientras más pequeño, más temperatura. Esto quiere decir que a medida que pierde energía (y masa) más se reduce, y cuanto más lo hace más se eleva su temperatura y más energía irradia. El proceso termina en la disolución del agujero negro (para grandes masas el período dura entre un cuatrillón y un quintillón de años), aunque mientras tanto una civilización supertecnológica podría servirse de ellos.

La manipulación de la energía de los agujeros negros se remonta a John Wheeler, el físico que por primera vez usó el término «agujero negro» en 1969. Wheeler imaginó una civilización supertecnológica que abandonaba su estrella y emigraba a las cercanías de un agujero negro para apropiarse de la energía, eliminado sus desechos en él a contragiro de la rotación y utilizando la energía rotativa frenada por la basura. De modo que, desafiando la entropía, los residuos se convertían en pura energía.

La vida de los agujeros negros es más larga que la de cualquier estrella y será el último proceso físico de importancia en desaparecer del universo, pero finalmente se disolverán en una «sopa» sombría de electrones y neutrinos. Antes de llegar a ese futuro remoto, dentro de unos dos mil o tres mil millones de años, los seres que habiten la Tierra tendrán que dejarla porque el sol la incendiará y deberán colonizar otro planeta en la misma galaxia o en otra. Con tanto tiempo por delante, la civilización tecnológica nacida hace apenas unos cientos de años resolvería de algún modo su supervivencia en un universo que se muere.

Robots orgánicos. Davies considera que esta necesidad llevará a que nuestros descendientes, en un futuro no muy lejano, no sean seres humanos sino criaturas biotecnológicas diseñadas genéticamente. Serán ellos los colonizadores planetarios que recorrerán grandes distancias, durante varios siglos, en naves espaciales acondicionadas como ecosistemas o quizá hipercongelados. Si las naves viajan al 1 por 100 de la velocidad de la luz, en treinta millones de años se colonizarían cien mil planetas, lo que no sería demasiado tiempo en la cronología estelar, ya que el sol tarda doscientos millones de años en dar una vuelta a la galaxia.

En algún momento será posible manipular genéticamente a los colonizadores –tanto en su anatomía como en su psicología– para adaptarlos a las características de los largos viajes galácticos, a las tareas que deberán desempeñar y al planeta de destino. Lo mismo se podría hacer con óvulos fertilizados y congelados que serían incubados una vez que se llegue al destino, con el fin de poblar rápidamente el planeta y a bajo coste de energía. Estos seres ya no serán humanos, ni en su aspecto ni mentalmente.

Es muy posible que tampoco los colonizadores sean organismos vivos por completo. La biotecnología, en un estadio avanzado, podría crear materia orgánica mezclada con partes electrónicas o artificiales para que realice cierto tipo de funciones fisiológicas y cerebrales. Si esto se lleva a cabo se estaría a un paso de fabricar componentes informáticos biológicos y redes neurales –para reemplazar a los ordenadores– a partir del tejido cerebral. La nanotecnología borraría cada vez más los límites entre lo vivo y lo muerto, lo artificial y lo natural, lo orgánico y lo inorgánico.

Hace quinientos mil años que aparecieron los primeros seres humanos en la Tierra, como parte de una evolución que empezó hace tres mil quinientos millones de años, de modo que los diez millones de años que se necesitarían para atravesar la galaxia (viajando al 10 por 100 de la velocidad de la luz) parece muy poco –según Davies– en comparación con la edad de la vida. Dado que tanto ésta como los hombres han cambiado mucho en ese lapso, es de esperar que en los próximos quinientos mil años la especie humana se transforme tanto como en los anteriores, aunque esta vez por medios artificiales.

La civilización supertecnológica con la que especula Davies habrá sido generada por seres humanos, pero ella misma no será del todo humana. Paradójicamente, la necesidad de supervivencia llevará a los hombres a intervenir con su tecnología sobre la evolución y a crear robots orgánicos genéticamente manipulados para explorar y colonizar la galaxia. En esos superseres sobrevivirá la humanidad forzada a mutarse a sí misma con el fin de afrontar la continuidad de la especie por todos los medios.

La entropía final. Sin embargo, aun esta civilización supertecnológica –si las leyes de la física son correctas– se encontrará limitada por la imposibilidad de superar la velocidad de la luz (la velocidad de escape del universo y de un agujero negro) en los viajes espaciales y, en especial, por la segunda ley de la termodinámica. Finalmente, toda disipación de energía, que consume irreversiblemente los recursos energéticos del universo, se pagará con el aumento de la entropía. La solución de Wheeler –extraer energía de un agujero negro– no evita que siempre haya un resto de energía disipada por la actividad misma de eliminar desechos.

La civilización supertecnológica que avanza hacia el enfriamiento del universo y la muerte térmica, condenada a producir entropía al menos para procesar información, se enfrentará a una inevitable crisis de energía. Deberá tener una temperatura más elevada que la del entorno, de lo contrario el calor residual no podría salir, y si consigue irradiarlo tendrá que hacerlo a una velocidad mayor de la que lo genera, porque no podrá mantenerse demasiado tiempo produciendo calor residual a mayor velocidad de la que tarda en eliminarlo. Ese excedente de calor necesitará entonces una fuente de energía libre para deshacerse de él. La pregunta es dónde la hallará cuando no existan más fuentes energéticas en el universo.

La respuesta que da el físico Freeman Dyson (a quien se debe la proyección) es que esta civilización podría mantenerse a un ritmo de procesamiento de la información compatible con la declinación del universo hibernando durante temporadas cada vez más largas. En la fase de sueño se disiparía el calor de la actividad anterior, mientras se acumula energía para usarla en la próxima fase de vigilia. Según algunos cálculos, con la energía del sol desprendida en ocho horas la civilización futura podría casi eternizarse a través de la oscuridad final.

Durante la fase de sueño, los seres hibernados tendrían procesos mentales analógicos quizá infinitos, aunque por medio de un número finito de estados cerebrales que no impactarían sobre la entropía o lo harían cada vez menos. La fase de vigilia afectaría, a medida que el universo entra en su ocaso, cada vez menos al entorno. Regresarían a la hibernación en períodos de tiempo cada vez más largos, conservando sus recuerdos pero sin aumentarlos. El universo prolongaría su agonía indefinidamente, y con él los lejanos descendientes de los hombres habrían alcanzado una especie de inmortalidad.

Agujeros inagotables. Éste sería el destino de la civilización supertecnológica que se avecina si el universo se expande y se enfría de manera uniforme: si no lo hace, en las regiones más deformes se fusionarían enormes agujeros negros cuya mutua atracción se impondría a la fuerza de la expansión. Si la fusión de agujeros negros es mayor o igual que su tasa de evaporación, siempre habrá algunos que se mantengan grandes y fríos, aunque depende de la cantidad que exista de agujeros negros y de cómo la expansión del universo se desacelere.

La solución de Wheeler –extraer energía de un agujero negro– se aplicaría no al efecto de contragiro del agujero negro sino a la radiación de Hawking, que sería una fuente de energía quizá inagotable para la civilización que pugne por sobrevivir en el final del universo. Ésta podría evitar la hibernación y arrojar sus desechos en el agujero negro, lo que incrementaría su tamaño y lo haría más frío, suspendiendo el colapso final. La radiación de Hawking, surgida del vacío cuántico, no cesaría nunca.

Siempre es posible que la civilización supertecnológica encuentre la manera de manipular los agujeros negros para volverlos más útiles a sus necesidades de energía, pero también lo puede hacer antes de que el universo se enfríe debajo del cero absoluto. La ingeniería cósmica podría tecnificar el cosmos hasta tal punto que la distinción entre natural y artificial (ya desaparecida por entonces entre los seres humanos) se borre totalmente. Las posibilidades de diseñar el universo aumentarían a medida que se debilita.

Recuerdos del *big crunch*. Por el contrario, si las observaciones del satélite WMAP son erróneas y la densidad de la materia está por encima del valor crítico de Friedmann, el universo dejará de expandirse y se contraerá *(big crunch)*. En ese caso, la situación sería en extremo desventajosa para cualquier vida inteligente que pretenda sobrevivir. Todo dependería quizá de en qué momento empiece la contracción. Si lo hace dentro de un cuatrillón de años ya no habrá más estrellas. Si la inversión comienza dentro de unos cien mil millones de años, habrá menos estrellas y muchos más agujeros negros.

Cuarenta millones de años después de que el universo regrese a su tamaño actual la temperatura de la radiación del fondo de microondas será de aproximadamente trescientos grados K, y la existencia de cualquier planeta parecido a la Tierra será imposible. La radiación térmica continuará subiendo hasta aniquilar la vida más rudimentaria y las mismas estrellas que, sin capacidad de irradiar energía, explotarán. El espacio se bañará de un gas plasmático cada vez más caliente y de un resplandor de fuego.

El universo irá transformándose cada vez más aceleradamente en menos tiempo. La temperatura se elevará a millones, a miles de millones, a millones de millones de grados K. La materia se irá comprimiendo en volúmenes cada vez más pequeños. A cierta temperatura (muy próxima a la era de los Dragones), los núcleos atómicos se desintegrarán en partículas elementales, muchas de las cuales se descompondrán en otras más reducidas. Los agujeros negros todavía durarán un poco más, aunque no mucho.

En microsegundos, los agujeros negros se fusionarán unos con otros y después con el resto del universo en contracción. La fuerza gravitatoria se hará tan potente que se impondrá a la materia y al espacio. La curvatura del espacio-tiempo aumentará rápidamente, el espacio se comprimirá en volúmenes cada vez más minúsculos y el universo llegará a su fin en una implosión infinita en una singularidad. Si esto es así, y si un superser tecnológico logra llegar hasta ese momento final –lo que es difícil–, habrá alguna esperanza de vida para él.

La especulación de Davies (que él mismo desestima) se basa en que a medida que se eleva la temperatura las partículas se mueven con más rapidez y la velocidad de procesamiento de la información aumenta. Esto hace que, si el superser logra seguir el ritmo de las oscilaciones infinitas de la contracción, enfrente la implosión a una velocidad infinita de pensamiento y el tiempo subjetivo se dilate también al infinito. Los segundos finales se estirarían eternamente en esa mente capaz de sobrevivir simulando una realidad virtual ilimitada.

Sin embargo, es el modelo inflacionario de Linde el que proporciona a Davies el argumento más interesante (y más cercano a la cosmología de membranas-burbujas de Hawking) sobre la supervivencia de una civilización supertecnólogica en un universo crecientemente inhabitable. Para Linde, como se indicó en el Capítulo 4, nuestro universo se originó en relación con un número relativamente grande de burbujas diferentes de la «sopa primordial» cuántica. Así, en ella tendrían que haber existido burbujas cuyas propiedades no hubieran desarrollado un universo antrópico y que quizá aún existen.

El universo cría. Según esto, la burbuja en la que vivimos sería sólo una entre un número quizá infinito de burbujas que surgen continua y aleatoriamente de las fluctuaciones cuánticas. A gran escala, el universo es tan caótico como al principio y la inflación no termina nunca –nuevas burbujas se forman y otra mueren, algunas duran mucho tiempo y otras muy poco–, pero siempre habrá (si es posible) burbujas inflándose. La interpretación de las historias múltiples de Feynman y Hawking, como se dijo en el capítulo anterior, no es ajena a este modelo.

El mismo Linde, en un artículo publicado en 1989, se encargó de responder a la idea que sugiere la diversidad de universos-burbuja: la de trasladarse a uno de ellos cuando el nuestro se haga inhóspito. Linde, aunque lo consideraba posible, entendía que era muy poco probable para la humanidad emigrar a otra burbuja. La más cercana a la nuestra estaría a una distancia en años luz fantásticamente grande, y nuestra burbuja (y las otras) podría hallarse confinada en un horizonte de sucesos que impediría escapar a cualquier objeto que viaje a la velocidad de luz.

Sobre esta imposibilidad, apoyado en algunas investigaciones de Guth y de un grupo de físicos japoneses, Davies propone una variación de la ingeniería cósmica: la cuántica. La creación de un nuevo universo y su traslado a él sería el único método seguro de huir de la decadencia de nuestra burbuja. Se trata de un teorema matemático altamente especulativo, en el que el vacío «auténtico» de la física cuántica (el estado de energía más baja o estable) degenera inflacionariamente en una región de vacío «falso» (estado de energía excitada), de modo similar al vacío de alta energía del comienzo del universo inflacionario.

La burbuja de falso vacío rodeada de auténtico vacío se inflaría y expandiría rápidamente en un big bang, pero desde la zona del universo estable –el nuestro– no se observaría a la inflación sino como un agujero negro. El universo cría de falso vacío se conectaría con el universo madre de auténtico vacío por medio de ese agujero que sería en realidad un agujero de gusano. Debido a la radiación de Hawking, el agujero negro del auténtico vacío se evaporaría con mucha rapidez y el agujero de gusano se cerraría. El universo cría entonces se haría un universo autónomo que, como el nuestro, primero se inflará y luego se frenará.

La civilización supertecnológica del futuro, cuando ya no pueda sobrevivir en el universo burbuja moribundo, crearía por medio de una microingeniería cuántica (si eso es posible) un universo cría antrópico y escaparía a través del agujero de gusano antes de que se cierre. No podría regresar al universo madre, aunque –si consigue generarlo y emigrar hacia él– se encontraría en libertad de multiplicar los universos cría. La tecnología para manipular las fluctuaciones cuánticas y convertirse en hacedores de mundos es inimaginable, pero quienes lo hagan habrán dejado de ser humanos mucho tiempo antes.

El *homo geneticus*

Hawking no se atreve a especulaciones tan lejanas en el tiempo como Davies, pero a partir de 2001 comenzó a manifestarse a favor de la biotecnología y de la urgencia de los viajes espaciales fuera del sistema solar. En declaraciones al periódico británico *Daily Telegraph* y a la revista alemana *Focus,*

Hawking afirmó que la humanidad estaba condenada a desaparecer antes de que finalice el milenio por los efectos de un virus (natural o artificial) devastador o de catástrofes ecológicas, si es que la inteligencia artificial no la suplantaba antes, a menos que los hombres colonizarán el espacio y se rediseñaran genéticamente.

Ley de Moore y biotecnología. Hawking pidió a la especie humana que se perfeccionara por medio de la biotecnología –con transformaciones precisas del genoma que aumenten la complejidad del ADN– si no quería ser superada por las máquinas inteligentes. El poderío de la inteligencia artificial, a diferencia del intelecto humano, residiría en que duplica su capacidad cada dieciocho meses (ley de Moore) y por eso existiría el peligro real de que desarrolle una mente propia y asuma el control del mundo en un relativo corto plazo.

Para evitarlo serán necesarias biotecnologías que permitan la fusión entre los sistemas electrónicos y los humanos con el fin de que la inteligencia artificial contribuya a mejorar los cerebros biológicos en lugar de rebelarse contra ellos. Hawking cree que la tecnología genética logrará reducir los instintos de agresión que le permitieron a la humanidad sobrevivir durante siglos, pero que pueden llevarla a la destrucción. Para él, la evolución natural trabaja demasiado lentamente para eliminarla de nuestra herencia genética.

En relación con estos peligros que corre la especie de aniquilarse a sí misma a través de sus propios tecnologías, Hawking entiende que la especie humana sólo estará segura de sobrevivir cuando haya encontrado planetas habitables en otras estrellas, ya que en el sistema solar no hay ningún lugar en el que pueda sobrevivir si la Tierra se vuelve inhabitable. Esta mutación biotecnológica del genoma humano (de nuestros átomos) se haría como salvaguarda y medida de supervivencia, aunque hoy la mayoría de los científicos y gobiernos no lo aprueban.

El Capítulo 6 de *El universo en una cáscara de nuez* –«¿Será nuestro futuro como Star Trek o no?»– se dedica por completo a defender esta posición acerca de una humanidad genéticamente diseñada. El argumento de Hawking se apoya en la estructura de la molécula del ADN en forma de doble hélice, descubierta en 1953 por Francis Crick y James Watson en el laboratorio Cavendish de Cambridge, estructura que en los tres mil quinientos millones de años que lleva organizando la vida terrestre ha crecido en complejidad.

El ADN rediseñado. Esta doble hélice está unida por pares de bases nitrogenadas (citosina, guanina, timina y adenina) en forma de escalera de caracol que, de acuerdo a su orden de situación, contiene la información genética que hace posible que la molécula del ADN se reproduzca en un organismo. La secuencia de las bases en los ácidos nucleicos puede copiarse erróneamente, afectando al nuevo ADN de manera que lo inhiba o lo mutile para autorreproducirse, pero también –en pocos casos– estos errores genéticos pueden aumentar su capacidad de supervivencia y reproducción.

Durante la evolución biológica los primeros tipos de mutación en la información genética del ADN fueron desapareciendo, mientras que los segundos no lo hicieron. Este aumento gradual en complejidad en la ordenación de las bases, debido al carácter aleatorio y lento del proceso, equivale a los bits de información (genes) codificados en el ADN. Al parecer, durante dos mil millones de años el aumento habría sido de un bit cada cien años, para crecer a razón de un bit por año posteriormente; a esta tasa se incrementa hoy el ADN humano.

Hawking adjudica esto, al menos en parte, al invento del lenguaje escrito hace unos ocho mil años. A partir de entonces, la información se habría transmitido entre las generaciones sin depender de las mutaciones aleatorias de la selección natural, y la enorme cantidad de bits transmitidos –hasta aquí de modo no biológico– habría conducido a la humanidad a dominar el mundo y expandirse demográficamente. En diez mil años muy poco se modificó en el ADN, aunque en los próximos mil la biotecnología lo podría rediseñar a voluntad.

Es muy dudoso para Hawking, pese a la oposición que suscita, que se logre evitar la ingeniería genética en los seres humanos. En algún laboratorio, al final, alguien manipulará nuestro ADN y creará hombres potenciados en sus cualidades físicas y mentales. La existencia de estos seres manipulados genéticamente traerá grandes problemas políticos y sociales (que ha examinado Fukuyama en su libro *Poshuman Society)*, pero ellos no serán sino los emergentes de la necesidad de aumentar la complejidad del ADN para afrontar el poderío de la inteligencia artificial y los viajes espaciales.

Implantes. Una vez que la biotecnología, en algún momento del siglo XXI, desarrolle cultivos de embriones fuera del cuerpo humano quedaría eliminada la limitación biológica del canal de parto que influye en el tamaño del cerebro, y éste podrá ampliarse mucho más. Sin embargo, debido a la lentitud de los elementos químicos del cuerpo que gobiernan la actividad mental, un cerebro más grande diseñado por la biotecnología será más complejo pero no más rápido, aunque esto se solucionaría mediante implantes neurales.

La inteligencia electrónica presenta el mismo problema, con la diferencia de que los elementos reguladores son eléctricos y se mueven con la velocidad de la luz, cuya rapidez impone un límite a cualquier aceleración electrónica. En este caso, la complejidad se podría obtener por medio de copiar el procesamiento masivo de información en paralelo al cerebro humano, de modo que se generen circuitos electrónicos (quizá humanoides) que sean tan complejos y conscientes que puedan diseñar mentes artificiales aún más inteligentes.

Según Hawking, si la humanidad no se autodestruye se esparcirá por el sistema solar y después por las estrellas más próximas (la más cercana es Próxima Centauri, a unos cuatro años luz, pero sin planetas) genéticamente potenciadas para soportar las exigencias de los viajes estelares. También es posible que se utilicen, en una primera fase, sondas no tripuladas a través de control remoto por medio de inteligencia artificial En ambos casos, quienes lo hagan se parecerán muy poco a nosotros.

CONCLUSIÓN

El armagedón tecnológico

Mutación y viaje interplanetario

Energía de vacío. Si los descubrimientos del satélite WMAP son correctos, el universo se expande a velocidad creciente impulsado por una energía oscura, que sería la energía del vacío cuántico. Esta predicción de Hawking, postulada para un universo cuya densidad es inferior al valor crítico de Friedmann, tiene como punto de partida las historias múltiples de Feynman y la equivalencia einsteiniana de energía y masa. El vacío cuántico, según esto, ejercería un efecto gravitatorio sobre la expansión del universo, aunque en vez de detenerla –como la materia– la aceleraría.

Esta energía del vacío auténtico –el estado de energía más baja o estable– actuaría entonces como la constante cosmológica de Einstein, correspondiéndose con una de las historias del universo (las pequeñas esferas o burbujas arrugadas) en tiempo imaginario. Las fluctuaciones cuánticas en el espacio-tiempo ocasionarían la energía de ese vacío auténtico cumpliendo con el principio antrópico: si la historia tuviera una energía de vacío superior (o falso vacío) no habrían surgido las galaxias ni la vida inteligente.

Como se dijo en el Capítulo 2, en el modelo de supersimetría (que agrega, de algún modo, dimensiones extras al espacio-tiempo por medio de los números de Grassmann, que en vez de conmutar como los ordinarios, anticonmutan) los infinitos de las energías positivas y negativas de las fluctuaciones cuánticas del estado fundamental o estado de energía más baja de las partículas de espines diferentes (bosones y fermiones) se cancelan, aunque la supersimetría no se extiende al universo. En éste, la cancelación de infinitos no sería exacta: quedaría una pequeña cantidad de energía de vacío.

Según Hawking, se trataría de una pequeña constante cosmológica que haría expandirse al universo inflacionariamente hasta un punto de frenado para después –doble inflación– volver a expandirlo. El cálculo de Hawking de las cantidades de energía del vacío y de la materia se realiza combinando observaciones de supernovas, cúmulos de materia y el fondo cósmico de radiación de microondas. Estas composiciones tienen una intersección común, en la que se hallaría la densidad de materia y energía del vacío que propiciaría una nueva expansión.

Si el mapa del satélite WMAP muestra que entre el 1 y el 4 por 100 del peso del universo corresponde a átomos, el 23 por 100 a materia oscura, y el 73 por 100 a energía oscura, significa –desde la predicción de Hawking– que la energía del vacío cuántico estaría comenzando a acelerar de nuevo la expansión inflacionaria, después de una larga fase de frenado en la que se formaron las estrellas y galaxias. Si esto es así, y si la inflación constituye una ley de la naturaleza (como sugiere Hawking), en el próximo período de desaceleración del universo se generarían nuevos sistemas estelares.

Eternidad del universo. Es paradójico que las consecuencias posibles de este modelo de Hawking se parezcan, de algún modo, a la vieja teoría del universo estacionario defendida por sir Fred Hoyle (el inventor del término «big bang») a mediados del siglo XX. Este concepto (y Spinoza) ya había llevado a Einstein a la constante cosmológica, con la que quedaba excluido todo fin del universo. En la versión original del estado estacionario, debida a Hermann Bondi y Thomas Gold, a medida que el universo se expandía se creaba materia; las galaxias nacían y morían continuamente.

Esto permitía que el aspecto general del universo fuera siempre el mismo y que fuera constante la densidad de conjunto, con el mismo número total de galaxias por volumen. Hoyle y su colaborador Narlikar propusieron para explicar la creación de materia un «campo creador» que emitía la energía necesaria para compensar la masa que colapsaba. Este campo poseía energía negativa (inferior a la del vacío) capaz de deformar el espacio-tiempo en curvaturas muy pronunciadas. El universo se reproducía a sí mismo, de tal modo que era eterno.

El modelo del estado estacionario garantizaba a la especie humana, cuando el Sol o la Vía Láctea se apagara, el éxodo indefinido hacia otras estrellas u otras galaxias. El problema del agotamiento irreversible de energía del universo en expansión, o de exceso de energía en la contracción final, no tenía lugar. Las fuentes energéticas al renovarse constantemente, en un universo siempre joven, daban la oportunidad –con un tiempo infinito por delante– a nuestros descendientes de tecnificar el universo en un futuro lejano (y de ciencia ficción).

La membrana-burbuja multidimensional de Hawking, al igual que la historia que corresponde a un universo impulsado inflacionariamente por energía del vacío, también tendría en tiempo imaginario una historia similar a una cáscara de nuez. Esta minúscula esfera cuadridimensional cuántica ligeramente rugosa determinaría la burbuja antrópica (una gran diferencia con el modelo de estado estacionario) que habitamos, que quizá sería la frontera de otra de cinco dimensiones.

Con la expansión inflacionaria de la membrana-burbuja crecería conjuntamente el espacio de la dimensionalidad superior contenida en el interior, lo que indicaría que viviríamos no en una membrana cuadridimensional sino en una membrana sombra. Sin embargo, según Hawking, es posible que el exterior de nuestra membrana-burbuja se encuentre por completo vacío, o que esté conectada a otra por el exterior, o bien que hubiera un número indeterminado de membranas-burbujas formándose y expandiéndose en un espacio extraño a ellas mismas.

Prisioneros de la luz. En la medida que los rayos luminosos permanecen cautivos (como en un agujero negro) en la membrana-burbuja –razón por la que un miembro sombra no sería visible, pese a que los efectos gravitatorios influirían en la nuestra como materia o quizá energía oscura– no habría manera de viajar (si existe) a la membrana-burbuja pegada a la nuestra ni a ninguna otra, ya que es imposible superar la velocidad de la luz (la velocidad de escape del universo). La ley de Einstein representaría un escollo insalvable, ya que la otra gran ley física –la entropía– habría quedado cuestionada por la energía del vacío como constante cosmológica.

La interpretación de las historias múltiples (teoría M combinada con las historias de Feynman) establece que la membrana-burbuja en la que habitaríamos pertenece a una minoría –donde hay galaxias y vida inteligente– que tienen el valor crítico justo para no contraerse y seguir expandiéndose, y los de doble inflación similares al universo inflacionario por energía de vacío. Como la gran mayoría de las historias posibles del universo están desiertas o reúnen propiedades contrarias a la vida inteligente, los viajes (si fueran posibles) a las membranas-burbujas correspondientes (si las hay) podrían toparse fácilmente con universos no antrópicos con menos de cuatro dimensiones desenrolladas o más.

Aunque Hawking no descarta los agujeros de gusanos como atajos en el espacio-tiempo, estaríamos confinados a nuestra membrana-burbuja igual que los rayos luminosos en el horizonte de sucesos de un agujero negro. Si se pudiera superar la velocidad de la luz no sólo escaparíamos del universo (con los peligros extremos del caso), sino que viajaríamos en el tiempo, de acuerdo a Hawking, aunque la probabilidad de generar un bucle temporal –como se describió en el Capítulo 5– para que lo use una máquina del tiempo es en extremo mínima. De modo que sólo serán probables los viajes espaciales a una velocidad menor que la de la luz en el interior de nuestra membrana-burbuja.

Por ello, para Hawking es muy dudoso que se encuentren en nuestra galaxia y en otros sistemas estelares formas de vida extraterrestre más avanzadas que la humana. Lo más probable, en los planetas de nuestra membrana-burbuja, sería la existencia de vida primitiva pero no en estadios de evolución inteligente. Eso explicaría por qué no se ha tomado contacto con una civilización extraterrestre superior, aunque la hipótesis del armagedón tecnológico supone que el desarrollo de la inteligencia llegado a cierto grado se autodestruye.

Esta hipótesis habría servido secretamente a Hawking para urgir a la exploración de la galaxia (que sólo se llevará a cabo, en su opinión, a partir del siglo XXII) y al potenciamiento de los humanos por medio de la ingeniería genética y la fusión con la inteligencia artificial. La biotecnología, por tanto, poseería el doble poder de salvar la vida humana en la colonización de otras planetas –si el nuestro (como parece) se vuelve inhabitable aceleradamente– alterando el ADN, y de impedir además el dominio de robots hiperinteligentes sobre el planeta cultivando embriones biótecnológicos.

El crecimiento exponencial (crece cada año el mismo porcentaje) de la población mundial, desde hace doscientos años, también sería un efecto de esta ambivalente evolución tecnológica. Si se mantiene la actual tasa de natalidad –la densidad demográfica se duplica cada cuarenta años–, en el año 2600 la Tierra estará superpoblada y colapsados algunos de los sistemas tecnológicos. La única manera de eludir este destino, si no estalla antes una guerra nuclear, sería huir en los próximos siglos hacia las estrellas.

La colonización extrasolar

Siglos estelares. No sólo para Hawking los viajes espaciales tripulados por colonizadores se harán con naves que no podrán superar la velocidad de luz. Algunos expertos de la NASA, coincidiendo con esto, aseguran que la colonización espacial comenzaría en unos cincuenta o sesenta años. Mientras tanto, se necesitará reemplazar los actuales motores para viajar por el espacio, puesto que son demasiado lentos para salir del sistema solar, cuya velocidad de escape (liberación de la gravedad) sería de poco más de seiscientos kilómetros por segundo.

Estos expertos especulan con la idea de naves propulsadas por rayo láser o «veleros espaciales» equipados con grandes velas, similares a las que se usan en los barcos, impulsadas por energía láser a una velocidad aproximada de treinta mil kilómetros por segundo (diez veces menos que la velocidad de la luz). Estas naves concebidas para la exploración de la galaxia tendrían el tamaño de pequeña ciudades y serían tripuladas por unos doscientos colonos organizados en una especie de comunidad.

La velocidad de las naves que hipotéticamente se utilizarían para estos viajes espaciales necesitaría para llegar a otros sistemas planetarios, situados a miles de millones de kilómetros de distancia, por lo menos un siglo o más. Solamente viajar hasta la estrella más cercana –Próxima Centauri– llevaría unos cuarenta y tres años, aunque todavía no se ha determinado cómo se podría frenar una nave impulsada a esa altísima velocidad, lo que podría alargar el viaje un siglo más.

La colonización de sistemas planetarios extrasolares es considerada, por estos expertos, como una necesidad para la supervivencia humana. La fantástica duración de estos viajes galácticos durante siglos necesitará colonos voluntarios que tendrán que formar una sociedad similar a la de las antiguas tribus, con lazos familiares, división del trabajo y una jerarquía generacional. Serían los descendientes de esos viajeros, que desarrollarán características muy diferentes de la humanidad actual, los que colonizarían las estrellas.

Gigantes gaseosos. Sin embargo, todos los planetas extrasolares o exoplanetas que orbitan en torno a estrellas (y no a púlsares) detectados hasta el momento son tormentosos gigantes de gas y poco (o nada) se parecen a planetas del tipo terrestre, que serían de treinta a seiscientas veces menos masivos que Júpiter. La búsqueda sistemática comenzó en 1988 por parte de Geoffrey W. Marcy (San Francisco State University) y R. Paul Butler (Carnegie Institution of Washington), los astrónomos que más planetas extrasolares han descubierto.

El primer exoplaneta fue detectado en 1995 por Michel Mayor y Didier Queloz, pertenecientes al Observatorio de Génova, que lo descubrieron indirectamente mediante el efecto Doppler orbitando a 51 Pegasi. Esta estrella es del tipo solar y el planeta tiene la mitad de masa que Júpiter, orbitando a una distancia de diez millones de kilómetros, once veces más cerca que Mercurio del sol. Desde entonces se han descubierto más de una centena de estos gigantes lejanos.

La observación de un planeta extrasolar es muy difícil debido a que los planetas no emiten luz propia y cualquier lente es ciega a objetos poco luminosos situados cerca de una fuente muy intensa como una estrella. La existencia de exoplanetas se ha deducido a partir de pruebas indirectas, como el efecto Doppler. Existen varios proyectos futuros (entre ellos, la ambiciosa misión Kepler de la NASA) para observar estos planetas de modo más directo.

En 1999 ciertas observaciones realizadas con el telescopio espacial Hubble sobre la estrella más cercana al sistema solar –Próxima Centauri– mostraron que ésta no poseía ningún planeta orbitando en sus alrededores. Así se desmintió el anuncio realizado en 1998 por científicos norteamericanos, que habían confirmado el descubrimiento de un exoplaneta con una masa diez veces mayor que la de Júpiter en esa estrella, que durante muchos años despertó la imaginación de astrofísicos e ingenieros espaciales.

La mayoría de los planetas extrasolares son similares al que orbita a la estrella HD 2039, una estrella amarilla ligeramente menor a la nuestra situada a casi trescientos años luz de distancia, en la constelación austral del Fénix. El exoplaneta tiene una masa tan grande que equivale, por lo menos, a mil planetas del tipo terrestre. Este gigante gaseoso tarda poco más de tres años en completar una órbita elíptica –que produce temperaturas enormemente contrastantes– alrededor de la estrella.

A finales de 2001 un equipo de científicos norteamericanos midió por primera vez parte de la composición atmosférica de un planeta extrasolar mediante el telescopio espacial Hubble. La estrella HD 209458 se encuentra en la constelación de Pegaso a ciento cincuenta y tres años luz de distancia y es del tipo solar. En torno a ella orbita un exoplaneta típico muy similar a Júpiter, que carece de superficie sólida y alcanza –debido a la gran cercanía con la estrella– una temperatura de alrededor de mil grados K.

La fase nanotecnológica. Como piensa Davies, y sugiere el mejoramiento biotecnológico que propone Hawking, estos largos viajes espaciales extrasolares exigirán una fusión de organismos humanos e inteligencia artificial. Nadie sabe cuándo y dónde se hallará un exoplaneta del tipo terrestre para colonizar, aunque es seguro que estará a siglos de distancia: salvo Próxima Centauri, las restantes estrellas cercanas están a cientos de años luz. Sin embargo, no sólo la ingeniería genética y la mezcla de sistemas orgánicos y artificiales crearán los seres potenciados para soportar esos viajes, en especial lo hará quizá la nanotecnología.

Los científicos que desarrollan proyectos nanotecnológicos (nano significa mil millones) pretenden localizar átomos individualmente y crear máquinas moleculares capaces de diseñar, átomo a átomo, materia orgánica o inorgánica. Es posible, según esto, la existencia de seres humanos que utilizarían dentro de su cuerpo máquinas moleculares de proteínas y enzimas que llevarían a cabo diversas funciones a nivel nano y subnano. La nanotecnología es todavía altamente teórica, pero se encuentra muy avanzada en la miniaturización de componentes electrónicos y en el campo de los adhesivos sintético-biológicos.

La nanotecnología molecular permitiría desmembrar las moléculas, átomo a átomo, para posteriormente transportarlas a velocidades cercanas a la de la luz y construir la misma molécula (humana o no) en otro cuerpo. Las máquinas microscópicas capaces de manipular cadenas de ADN serían el primer paso hacia la construcción de robots ultramicroscópicos; éstos podrían algún día ejecutar tareas tan complejas como fabricar diminutos circuitos electrónicos e integrarlos con cualquier parte del ADN.

Hipótesis sobre el fin del hombre

El teorema perfecto. Si Hawking, durante la conversación con Bouslough en los años 80, confiesa a su interlocutor que le importa el destino final (indisolublemente ligado al del universo) de los átomos de nuestros cuerpos, la colonización espacial y la biotecnología le han dado quizá una respuesta. La supervivencia de nuestros descendientes poshumanos, quizá en el espacio-tiempo de una membrana-burbuja que se expande impulsada por la energía de vacío, quedaría así asegurada si la civilización tecnológica no se autodestruye. El riesgo existe y por eso deberíamos apresurar ese destino.

Sin embargo, el hilo conductor del pensamiento de Hawking que atraviesa los distintos períodos de su cosmología –el origen cuántico del universo, los agujeros negros y las singularidades, las historias múltiples y las p-branas–, y que conduce a viajes estelares de varios siglos de duración y a la mutación tecnológica de nuestros átomos, ha modificado también radicalmente el modelo del big bang y las predicciones sobre el final del universo. Éste no ha sido suprimido, pero se ha vuelto incierto.

En general, la imagen del universo de Hawking contribuye a restituirle el misterio que la civilización tecnológica le había negado. No se trata, para él, más que de un conjunto de reglas y ecuaciones que postulan hipótesis siempre provisionales y sujetas a comprobación, aunque tienen el efecto de arrojar una sombra de duda sobre las teorías científicas aceptadas. La teórica cuántica de la gravedad que viene desarrollando, con todos los extraños conceptos que postula, no deja de cuestionar los hábitos racionales más arraigados y menos dispuestos a interrogarse acerca de la naturaleza de las cosas.

El positivismo de Hawking es tan heterodoxo (o extremo) que no se engaña sobre sí mismo ni sobre los artefactos teóricos que aplica para develar la naturaleza del universo. Como diría Borges, no sabemos si éste pertenece al género realista o fantástico, ni siquiera si existe algo como el «universo», aunque la interpretación de las historias múltiples o la «propuesta de la ausencia de límites» –rigurosos teoremas matemáticos– parecen referirse a un orden más bien fabuloso. Sin embargo, esto sería lo de menos en la medida que sirvan –como ocurre– para explicar los fenómenos físicos que no se comprenden suficientemente.

Las últimas páginas de *Historia del tiempo* explícitan cuál es la posición de Hawking respecto al método científico y la filosofía como modos de interrogar al universo. Para él, mientras el primero sólo describe por medio de modelos matemáticos pero no reflexiona acerca de por qué habría un universo que responda a ellos, la segunda –que debería ocuparse de esa pregunta fundamental– ha abandonado a la ciencia. Según esto, no hay ninguna certidumbre de si el universo (o qué parte y cómo) se adecua a esos teoremas, pero éstos podrían responder acerca de por qué existe.

Hawking representa uno de los exponentes más destacados del proyecto científico-técnico que nació en la Europa occidental del siglo XVII, y como tal cree que la razón humana es capaz de conocer cómo y por qué hay universo. La tradición a la que pertenece es tanto la de Aristóteles y Kant como la de Galileo y Newton, que se ha desarrollado en gran medida en todo el planeta. Ambas vertientes, de algún modo, han llevado a un desplazamiento de la religión y la filosofía a favor de la ciencia y de la técnica.

La civilización científico-técnica. Según Heidegger, en *El final de la filosofía y la tarea del pensar* (1964), la metafísica occidental se realiza y se consuma en las tecnociencias que se desplegarán cada vez más, ocupándose de las regiones (ontología, naturaleza, historia, política, derecho, arte) que fueron históricamente tareas filosóficas. Sin embargo, a diferencia de ellas, este pensamiento científico-técnico –modélico y operacional– se constituye como una representación englobadora de esas regiones. Esto preparaba, a su juicio, una civilización mundial tecnológica (o supertecnológica) y la tecnificación del mundo.

El pensamiento de Hawking, de base matemática, expresa al proyecto científico-técnico con todo su diagrama de biopoder (según Foucault). El modelo de la teoría M (supercuerdas, supergravedad en once dimensiones y p-branas), como primer paso hacia una «teoría del todo» –una TGU– final, tendría como consecuencia (si se consigue formularla) no sólo el reemplazamiento de la filosofía sino también el de la religión, aunque eso requeriría que se acepte que (si existe) la mente de Dios –bastante aludida por Hawking– es matematizable y que el pensamiento (algo que contradicen sus propios teoremas) solamente calcula.

Por el momento, y eso sería todo lo que le importa a un físico teórico de la amplitud intelectual de Hawking, los modelos matemáticos –por más sofisticados e irreales que parezcan– funcionan mientras se obtengan efectos observables y medibles; en algún momento (quizá en breve) será posible una teoría del todo que explicaría por qué existe el universo y los seres humanos. El principio antrópico tiene la propiedad de unificar uno y otro, pero los convierte en absurdos porque no explica el por qué de esa conexión. Por el contrario, el modelo de las membranas-burbujas lo hace.

Como la mayoría de éstas y otras teorías de Hawking (y de muchos físicos que trabajan en la teoría del todo) exigen, para comprobarse, superaceleradores de partículas –como el gran colisionador de hadrones de Ginebra–, la nueva cosmología depende del progreso de la civilización tecnológica. Entre ellas hay una relación tan estrecha que posiblemente ninguna podría sobrevivir por separado, de modo que se necesitan para fortalecerse como el anverso y el reverso de un mismo proyecto para el hombre y los entes.

El último hombre. La hipótesis del armagedón tecnológico expresa que la autodestrucción amenaza a esta civilización, y en un grado del que quizá no nos encontremos lejos. Este aniquilamiento tendría también varios modos de producirse: accidente (un virus artificial sin control), catástrofe ecológica (la desaparición de la capa de ozono) o una guerra (nuclear o química). Sin embargo, en una versión más débil de la hipótesis debería incluirse la posibilidad de alterar genéticamente a los seres humanos, tanto para que resistan los efectos peligrosos de las tecnologías como para impedir una guerra cataclísmica.

La colonización planetaria y los seres biotecnológicos que imagina Hawking quizá se han deducido de este debilitamiento de la hipótesis del armagedón tecnológico. La catástrofe, según esto, sucederá en algún grado del desarrollo de la civilización tecnológica y sólo se la podría hacer lo menos destructiva posible. En la versión débil, serían los seres humanos de carne y hueso (tal como somos) los que se sacrificarán para que el proyecto científico-técnico sobreviva y se disemine por el universo, y la antigua cultura humana con él.

Los principios filosóficos y físico-matemáticos que rigen la cosmología de Hawking son los mismos que están en la base de esta civilización tecnológica en la que vivimos, nacida hace apenas –para la gran cronología del cosmos– cuatrocientos años. A través del pensamiento de Hawking es posible vislumbrar (casi como en una metáfora) su enorme capacidad inventiva, la fragilidad y la eficacia de sus modelos de conocimiento, la pasión por descubrir el sentido del universo (si lo tiene) y de la vida humana; también el deseo de supervivencia a cualquier coste o de padecer bajo la propia ley.

Mientras tanto, el universo se expande en algunas de las galaxias más distante de nosotros casi a la velocidad de la luz. Quizá vivimos en una 3-brana absolutamente única rodeada de un vacío infinito, en una membrana-burbuja pegada a otra o entre muchas otras generadas aleatoriamente por las fluctuaciones cuánticas. La cuestión es que, a ciencia cierta, no lo sabemos. Tampoco si el universo morirá alguna vez o si, quizá, la constante cosmológica de Einstein lo hace por siempre joven en una eterna era de la luz.

Glosario

Acelerador de partículas: Dispositivo de electroimanes que acelera partículas inyectándoles energía.

ADN: Codificación de la información que necesitan las células para reproducir la vida.

Agujeros de gusanos: Ramificación en el espacio-tiempo que puede conectar regiones distantes o universos paralelos. También posibilitarían viajes en el tiempo.

Agujeros negros: Regiones del espacio-tiempo de enorme gravedad y de las que la luz no puede escapar.

Angström: Unidad de medida que equivale a una cienmillonésima de centímetro.

Antipartícula: Partícula de la misma masa, espín, carga eléctrica, etc., que otra pero de signo opuesto. Las partículas neutras como el fotón son su propia antipartícula.

Año luz: La distancia que un rayo de luz atraviesa en un año.

Armagedón tecnológico, hipótesis del: Esta hipótesis establece que, en cierto grado de su evolución, una civilización tecnológica se autodestruye.

Bit: Unidad de información.

Boltzmann, constante de: Constante fundamental de la mecánica estadística que relaciona la temperatura con unidades de energía.

Bosones: Partículas que dan lugar a las fuerzas entre los fermiones.

Brana (o p-brana): Objeto extenso multidimensional.

Chandrasekhar, límite de: Umbral crítico por encima del cual una estrella fría colapsa.

Cono de luz: Posibles direcciones de los rayos de luz en el espacio-tiempo que pasan por un suceso.

Conservación de la energía: Ley física que establece que la energía no puede ser creada ni destruida.

Corrimiento al rojo: Corrimiento de las líneas del espectro electromagnético hacia longitudes de ondas más largas provocado por el efecto Doppler.

Cosmología: Estudio del universo como un todo.

Cuanto: Unidades en que las ondas se emiten o se absorben.

Doppler, efecto: Frecuencia de una señal en relación al movimiento relativo de la fuente emisora y el receptor.

Electronvoltio (eV): Energía adquirida por un electrón sometido a una diferencia de potencial de un voltio.

Energía de vacío: La que está presente en el espacio aparentemente vacío.

Entropía: Desorden creciente en un sistema físico.

Equilibrio térmico: Estado en el que las tasas de velocidades, espín, etc., en las que entran las partículas compensan las tasas en que las abandonan.

Era leptónica: Fase del universo temprano donde interactúan los denominados leptones (electrón, muón, neutrino) que no responden a las interacciones nucleares fuertes.

Espacio-tiempo: Tres dimensiones espaciales y una temporal.

Espín: Estado de rotación de las partículas elementales.

Estado fundamental: Mínima cantidad de energía de un sistema.

Feynman, historias de: Modelo matemático en el que una partícula se desplaza en el espacio-tiempo siguiendo todas las trayectorias posibles.

Fermiones: Partículas constituyentes de la materia.

Fotón: Cuanto de luz.

Friedmann, modelo de: Estructura matemática del espacio-tiempo en conformidad con la relatividad general sin la constante cosmológica y el principio cosmológico que establece un universo isótropo y homogéneo.

Fuerza electromagnética: Fuerza fundamental. Es la que se produce entre partículas con carga eléctrica.

Fuerza gravitatoria: La más débil de las cuatro fuerzas fundamentales de la naturaleza.

Fuerza nuclear débil: Una de las cuatro fuerzas fundamentales, de alcance muy corto. Afecta a las partículas materiales pero no a las portadoras de fuerzas.

Función de onda: Onda de probabilidad en mecánica cuántica.

Gen: Unidad de información del ADN.

Gigaelectronvoltios (GeV): Es una unidad de energía que equivale a mil millones de electronvoltios.

Hawking, radiación de: Partículas elementales y radiación emitidas por el horizonte de sucesos de los agujeros negros.

Holografía: Fenómeno de interferencia de figuras ondulatorias que resultan de la superposición de ondas provenientes de puntos o momentos diferentes.

Horizonte de sucesos: Frontera de un agujero negro.

Inflación: Expansión acelerada del universo primitivo en un período muy corto.

Interacción nuclear fuerte: La más fuerte de las fuerzas fundamentales y la de menor alcance. Forma el núcleo de los átomos.

Kelvin, grados: Escala de temperatura medida en relación al cero absoluto, equivalente a unos –273 grados centígrados.

Longitud de onda: La distancia entre las crestas (o valles) de las ondas.

Masa: Cantidad de materia de un cuerpo.

Materia oscura: Materia que se detecta por su campo gravitatorio, no directamente.

Maxwell, campos de: Relación matemática de la electricidad, el magnetismo y la luz.

Mecánica cuántica: Teoría física elaborada entre 1920 y 1930 en reemplazo de la mecánica clásica.

Microonda: Radiación con una longitud de onda de 1 cm aproximadamente.

Moore, ley de: Ley que establece que la inteligencia artificial duplica su potencia cada dieciocho meses.

Ondas gravitatorias: Ondas de los campos gravitatorios, similares a las ondas de luz de los campos electromagnéticos.

Paradoja de los gemelos: Paradoja einsteiniana que establece que si, de dos gemelos, uno viaja al espacio a una velocidad cercana a la de la luz y el otro permanece en la Tierra, al regresar el primero encontrará al segundo más viejo que él.

Partícula virtual: Las partículas originadas en fluctuaciones energéticas del universo. Son aniquiladas cuando la energía recupera el nivel ordinario.

Partículas elementales: Partículas de materia (quarks, electrones, muones, taus y neutrinos) llamadas fermiones y mediadoras de fuerza (fotones, gluones, gravitones e Higgs) llamadas bosones.

Pauli, principio de exclusión de: Con excepción de los fotones y mesones, dos partículas del mismo tipo no pueden ocupar exactamente el mismo estado cuántico.

Positrón: La antipartícula de carga positiva del electrón.

Planck, longitud de: Escala física microscópica que corresponde a unos pocos angströms.

Principio antrópico: El universo es tal como lo observamos en la medida en que existen los observadores. Si algunas de las condiciones del universo que hacen posible la existencia de los observadores cambia, éstos ya no estarán para observarlo.

Principio de incertidumbre: Lo formuló Heisenberg y establece que en mecánica cuántica es imposible medir con exactitud y a la vez la posición y la velocidad de una partícula.

Propuesta de la ausencia de límites: Propone que el espacio y el tiempo imaginario juntos forman una superficie finita en su extensión, pero sin fronteras ni bordes. El espacio-tiempo sería como la superficie de la Tierra, pero con dos dimensiones.

Protección cronológica: Conjetura de Hawking que establece la imposibilidad física de viajar en el tiempo a los objetos macroscópicos.

Quarks: Partículas fundamentales hipotéticas. Se dividen en seis tipos: *arriba, abajo, encanto, extrañeza, cima y fondo*.

Radiación de fondo de microondas: Ondas de radio provenientes del universo primitivo caliente.

Radiación del cuerpo negro: Radiación con la misma densidad de energía en cada gama de longitudes de onda que la emitida por un cuerpo caliente absorbente.

Randall-Sundrum, modelo de: Membrana tridimensional en un espacio infinito de cinco dimensiones, cuya geometría se parece a una silla de montar.

Rayo cósmico: Partícula de materia de alta energía que viaja a velocidades próximas a la de la luz y procede del espacio exterior.

Rayo gamma: Fotón de energía muy alta que puede ser emitido por una reacción nuclear o por un agujero negro.

Relatividad especial: Primera teoría de la relatividad de Einstein (1905), que establece que la luz viaja siempre a una velocidad constante. Esta teoría unifica el espacio y el tiempo en un continuo cuadridimensional.

Relatividad general: Segunda teoría de la relatividad de Einstein (1916), que establece que la gravitación es el resultado de las curvaturas del espacio-tiempo.

Schrödinger, ecuación de: Determina el comportamiento de la función de onda en mecánica cuántica.

Segunda ley de la termodinámica: Establece que la entropía siempre aumenta.

Singularidad: Punto en el cual el espacio-tiempo se curva infinitamente.

Supergravedad: Teoría que unifica la relatividad general y la supersimetría que relaciona los espines de las partículas.

Supernova: Estallido de una estrella, a excepción del núcleo interno.

Teoría de cuerdas: Descripción de las partículas como ondas en una cuerda.

Teoría de la Gran Unificación (TGU): Unificación de las cuatro fuerzas fundamentales en una sola teoría.

Teoría M: Teoría que unifica las teorías de las supercuerdas, supergravedad en once dimensiones y p-branas.

Termodinámica: Leyes que describen la física del calor, la energía y la entropía.

Thorne, teorema de: El que afirma que un objeto podría transitar por un agujero de gusano, viajando en el tiempo, sin estallar por los efectos gravitatorios.

Tiempo imaginario: El obtenido utilizando números imaginarios.

Transición de fase: Cambio brusco de un sistema de una configuración a otra, por lo general con cambios en la simetría.

Universo membrana: Superficie de un número determinado de dimensiones en un espacio-tiempo multidimensional.

Velocidad de la luz: 299.729 km por segundo, constante fundamental de la relatividad especial.

Bibliografía

Boslough, John, *El universo de Stephen Hawking.* Salvat, Barcelona, 1986.

Davies, Paul, *Los últimos tres minutos.* Debate, Barcelona, 2001.

Fukuyama, Francis, *El fin del hombre.* Ediciones B, Grupo Z, Buenos Aires, 2003.

Greene, Brian, *El universo elegante.* Crítica, Barcelona, 2001.

Hawking, Stephen, *Historia del tiempo.* Crítica, Barcelona, 1988.

Hawking, Stephen, *El universo en una cáscara de nuez.* Crítica, Barcelona, 2002.

Heidegger, Martin, «El final de la filosofía y la tarea del pensar», en *¿Qué es la filosofía?* Bitácora, Madrid, 1985.

Thorne, Kip, *Agujeros negros y tiempo curvo.* Crítica, Barcelona, 1995.

Weinberg, Steven, *Los tres primeros minutos del universo.* Alianza, Madrid, 1980.

Hawking en Internet

La página de Hawking en Internet es www.hawking.org.uk y contiene noticias, archivos de información, listas de publicaciones y numerosos *links.* No hay nada nuevo para cualquier lector de Hawking, pero se puede enviar un correo electrónico a s.w.hawking@damtp.cam.ac.uk y esperar a que responda. Se advierte al usuario que la respuesta puede dilatarse debido a las limitaciones físicas de Hawking y a la cantidad de correos electrónicos que recibe. La alternativa es dirigirse a graduateassistant@damtp.cam.ac.uk para cualquier información que no figure en el sitio.

Más fácil resulta hallar información sobre Hawking, pero por lo general resulta poco interesante. Existen miles de páginas en Internet que se refieren de algún modo a él, aunque no suelen contener elaboraciones. Las declaraciones públicas de Hawking son muy escasas y suelen repetirse en distintos periódicos bajo diversos títulos. En general, se le cita demasiado y se explota bastante su imagen comercialmente. Por ejemplo, la inclusión de la caricatura de Hawking en los dibujos animados de los Simpson despertó un gran interés por parte de los medios de comunicaicón.

Rubén H. Ríos nació en Mar del Plata, Argentina, en 1955. Escritor, periodista, docente en filosofía. Ha ejercido el periodismo profesional durante varios años y colaborado con distintas revistas de actualidad, así como con publicaciones y suplementos culturales nacionales y extranjeros. En el campo del pensamiento dicta cursos y seminarios en instituciones públicas y privadas. Como autor teatral su primer obra, *La organización de la momia*, se estrenó en el teatro San Martín en 1985. Ha publicado *Para una metafísica argentina* (antología de Macedonio Fernández, 1994), *El rey Elvis* (novela, 1994), *Ensayo sobre la muerte de Dios. Nietzsche y la cultura contemporánea* (1996), *Mambo argentino* (novela, 1997) y *La conspiración hacker* (2003). Ha participado también en libros colectivos.

Otros títulos de esta serie:

- **Naomi Klein** y el fin de las marcas *(Judith Gociol)*
- **Toni Negri** y los desafíos de Imperio *(Néstor Kohan)*
- **Georges Bataille** y el erotismo *(Osvaldo Baigorria)*
- **Edgar Morin** y el pensamiento complejo *(Miguel Grinberg)*
- **Noam Chomsky** y el control del pensamiento *(Gabriela Roffinelli)*
- **Pierre Bordieu** y el capital simbólico *(Cecilia Flachsland)*
- **Harold Bloom** y el canon literario *(Carlos Gamerro)*
- **John Rawls** y la justicia distributiva *(Pablo de Silveira)*
- **Paul Virilio** y los límites de la velocidad *(Santiago Rial Ungaro)*
- **Julia Kristeva** y la gramática de la subjetividad *(Diana Paris)*
- **Cornelius Castoriadis** y el imaginario radical *(Nerio Tello)*